AF462793

PREMIÈRE
ARITHMÉTIQUE
DES ÉCOLES PRIMAIRES,

DIVISÉE EN QUATRE PARTIES,

RENFERMANT 1550 EXERCICES & PROBLÈMES USUELS,

PAR A. JENNEPIN, INSTITUTEUR.

1872

MAUBEUGE,
Imprimerie, Librairie et Lithographie de BEUGNIES.

DÉPÔT LÉGAL
Nord
N° 359
1873

PREMIÈRE

ARITHMÉTIQUE

DES ÉCOLES PRIMAIRES

BIBLIOTHÈQUE NATIONALE
R.F.
IMPRIMÉS

Renfermant 900 Exercices et 500 Problèmes
usuels,

par A. JENNEPIN.

MAUBEUGE,
Imprimerie, Librairie et Lithographie de E. BEUGNIES.

V
(C.)
42549

PLAN DE L'OUVRAGE.

« Dans l'enseignement du calcul, les maîtres s'atta- »
« chent-ils à exercer le raisonnement, à donner à cet »
« enseignement un caractère tout pratique, en emprun- »
« tant les problèmes aux circonstances de la vie réelle, »
« aux faits de l'économie domestique, rurale et indus- »
« trielle? S'efforce-t-on de faire de l'arithmétique une »
« sorte de cours de logique populaire appliquée aux »
« besoins, aux relations de chaque jour? »

Extrait d'une circulaire de M. le Ministre de l'Instruction publique, 20 *août* 1857.

Répondre au désir exprimé dans cette circulaire, tel est le but que nous nous sommes efforcé d'atteindre dans cette petite arithmétique spécialement destinée aux jeunes enfants. Nous avons élagué toutes les généralités et les abstractions qui ne peuvent pas entrer dans le cadre d'un livre essentiellement élémentaire. Quant aux principes, nous nous sommes borné au strict nécessaire. Nous n'avons pas donné de démonstrations, ne voulant pas nous arroger un droit qui ne nous appartient pas en imposant aux maîtres une manière d'enseigner plutôt qu'une autre. Nous n'admettons pas du reste, qu'une démonstration puisse être faite fructueusement, à de jeunes enfants, par un autre que le maître et ailleurs qu'au tableau noir.

Les classes primaires se composent généralement de deux catégories d'élèves : ceux qui quittent l'école à l'âge de dix à douze ans, après la première communion ; ceux qui y restent jusqu'à l'âge de quatorze à quinze ans.

Au point de vue du choix des matières qui composent notre programme, nous nous sommes proposé deux choses:

1° Donner aux enfants qui quittent prématurément l'école, des notions pratiques de calcul et des applications variées, suffisantes pour les aider dans les professions qu'ils embrasseront ;

2° Préparer, par des principes simples et clairs, à une étude plus approfondie de l'arithmétique, les jeunes gens qui feront des études primaires complètes.

Il est facile de voir que, n'ayant ni gloire ni profit à retirer d'un travail semblable, nous n'avons pu avoir d'autre désir que d'être utile. Nous nous croirons largement récompensé si nous avons atteint ce but.

NOTIONS PRÉLIMINAIRES.

1re LEÇON.

1. L'*arithmétique* est la science des *nombres* et du *calcul*.

2. L'*unité* est une quantité que l'on prend pour terme de comparaison entre des grandeurs de même espèce.

3. Une *quantité* est tout ce qui peut être *augmenté* ou *diminué*.

4. Un *nombre* est la réunion de plusieurs *unités* ou *parties* d'unités.

5. Un nombre est dit *abstrait* ou *concret*.

6. Un nombre *abstrait* est celui qui ne désigne aucun objet en particulier, c'est-à-dire qu'il ne fait distinction d'aucune espèce de quantité.

7. Un nombre *concret* est celui qui désigne les objets que l'on considère, c'est-à-dire qu'il fait connaître la nature de la quantité que l'on a en vue.

8. Il y a trois espèces de nombres : le nombre *entier* le nombre *fractionnaire* et la *fraction*.

9. Le nombre *entier* est celui qui ne renferme que des unités entières.

10. Le nombre *fractionnaire* est celui qui est composé d'unités entières et de parties égales de l'unité.

11. Une *fraction* est composée d'une ou de plusieurs parties égales de l'unité.

12. L'arithmétique se divise en deux parties : la *numération* et le *calcul*.

13. Les opérations *fondamentales* de l'arithmétique sont au nombre de quatre, savoir : l'*addition*, la *soustraction*, la *multiplication* et la *division*.

14. L'addition et la multiplication servent à *composer* les nombres ; la soustraction et la division servent à les *décomposer*.

Numération.

15. La *numération* est la partie de l'arithmétique qui enseigne à *former*, à *lire* et à *écrire* les nombres.

16. Il y a par conséquent deux numérations : la *numération parlée* et la *numération écrite*.

1er QUESTIONNAIRE.

1. Qu'est-ce que l'arithmétique ? — 2. Qu'est-ce que l'unité ? — 3. Qu'appelle-t-on quantité ? — 4. Qu'est-ce qu'un nombre ? — 5. Comment un nombre peut-il être considéré ? — 6. Qu'entend-on par nombre abstrait ? — 7. Concret ? — 8. Combien y a-t-il d'espèces de nombres ? Nommez-les. — 9. Qu'est-ce qu'un nombre entier ? — 10. Qu'est-ce qu'un nombre fractionnaire ? — 11. Qu'est-ce qu'une fraction ? — 12. En combien de parties se divise l'arithmétique ? Nommez-les. — 13. Quelles sont les opérations fondamentales de l'arithmétique ? — 14. A quoi servent l'addition et la multiplication ? La soustraction et la division ? — 15. Qu'est-ce que la numération ? — 16. Combien y a-t-il de numérations ?

2me LEÇON.

Numération parlée.

17. La *numération parlée* est l'art d'*énoncer* les nombres à l'aide de la plus petite quantité possible de mots.

18. Chaque nombre se forme en ajoutant une unité au nombre précédent.

19. Les dix premiers nombres ont été formés comme suit :

UNITÉ ou 1	un,
1 + 1	deux,
1 + 1 + 1	trois,
1 + 1 + 1 + 1	quatre,
1 + 1 + 1 + 1 + 1	cinq,
1 + 1 + 1 + 1 + 1 + 1	six,
1 + 1 + 1 + 1 + 1 + 1 + 1	sept,
1 + 1 + 1 + 1 + 1 + 1 + 1 + 1	huit,
1 + 1 + 1 + 1 + 1 + 1 + 1 + 1 + 1	neuf,
1 + 1 + 1 + 1 + 1 + 1 + 1 + 1 + 1 + 1	**DIX.**

20. Les *neuf premiers nombres* prennent le nom d'*unités simples* ou *unités du premier ordre.*

21. Le nombre *dix*, collection de *dix unités simples*, constitue une nouvelle espèce d'unité nommée *dizaine* ou *unité du second ordre.*

22. Les dizaines sont dix fois plus grandes que les unités simples.

23. En agissant sur les dizaines de même que sur les unités, on obtient une nouvelle collection de *dix dizaines.*

On a donc dit :
Une dizaine ou dix,
Deux dizaines ou vingt,
Trois dizaines ou trente,
Quatre dizaines ou quarante,
Cinq dizaines ou cinquante,
Six dizaines ou soixante,
Sept dizaines ou soixante-dix,
Huit dizaines ou quatre-vingts,
Neuf dizaines ou quatre-vingt-dix,
Dix dizaines ou **CENT.**

24. On obtient les nombres compris entre deux dizaines consécutives en plaçant à la suite du nom de chacune d'elles, dans l'ordre croissant, les noms des neuf premiers nombres.

25. Entre la 1re et la 2e dizaine, la 7e et la 8e, et la 9e et la 10e les mots *onze*, *douze*, *treize*, *quatorze*, *quinze*, *seize* remplacent les mots *dix-un*, *dix-deux*, *dix-trois*, *dix-quatre*, *dix-cinq*, *dix-six.*

26. Le nombre *cent*, collection de *dix dizaines*, forme à son tour une troisième espèce d'unité nommée *centaine* ou *unité du troisième ordre.*

27. Les centaines sont dix fois plus grandes que les dizaines et cent fois plus grandes que les unités simples.

28. En suivant la marche adoptée pour les unités du premier et du second ordre, on trouve :

Une centaine ou cent,
Deux centaines ou deux cents,
Trois centaines ou trois cents,
Quatre centaines ou quatre cents,
Cinq centaines ou cinq cents,
Six centaines ou six cents,
Sept centaines ou sept cents,
Huit centaines ou huit cents,
Neuf centaines ou neuf cents,
Dix centaines ou **MILLE.**

29. On obtient les nombres compris entre deux centaines consécutives, en plaçant à la suite du nom de chacune d'elles, dans l'ordre croissant, les noms des quatre-vingt-dix-neuf premiers nombres.

30. Le nombre *mille*, collection de *dix centaines*, forme une quatrième espèce d'unité ou *unité du quatrième ordre.*

31. On compte pour les unités de mille comme on a compté pour les unités simples, et l'on trouve ainsi les *dizaines de mille*, les *centaines de mille.*

32. La collection de *dix centaines de mille* s'appelle **MILLION**, celle de *dix centaines de millions* prend le nom de **BILLION**, celle de *dix centaines de billions* s'appelle **TRILLION**, etc.

33. Les ordres d'unité se divisent en *classes* ou *unités principales* :

Les trois premiers ordres forment la classe des unités simples, les trois suivants, la classe des unités de mille, etc.

34. **Tableau synoptique du système de numération parlée.**

Classe		
1re Classe : *Unités simples.*	Unités	, Unités du premier ordre ,
	Dizaines	, Unités du second ordre ,
	Centaines	, Unités du troisième ordre ,
2e Classe : *Unités de mille.*	Mille	, Unités du quatrième ordre ,
	Dizaines de mille	, Unités du cinquième ordre ,
	Centaines de mille	, Unités du sixième ordre ,
3e Classe : *Unités de millions.*	Millions	, Unités du septième ordre ,
	Dizaines de millions	, Unités du huitième ordre ,
	Centaines de millions	, Unités du neuvième ordre,
4e Classe : *Unités de billions.*	Billions	, Unités du dizième ordre ,
	Dizaines de billions	, Unités du onzième ordre ,
	Centaines de billions	, Unités du douzième ordre ,
5e Classe : *Unités de trillions.*	Trillions	, Unités du treizième ordre ,
	Dizaines de trillions	, Unités du quatorzième ordre,
	Centaines de trillions	, Unités du quinzième ordre.

35. **Principe fondamental de la numération parlée.** Une unité d'un ordre quelconque *vaut dix unités de l'ordre précédent.*

36. Une unité d'un *ordre* quelconque est dix fois plus petite que l'unité de l'ordre qui la suit.

37. Une unité d'une *classe* quelconque est mille fois plus grande que l'unité correspondante de la classe qui la précède.

38. Une unité d'une *classe* quelconque est mille fois plus petite que l'unité correspondante de la classe qui la suit.

2e QUESTIONNAIRE.

17. Qu'est-ce que la numération parlée ? — 18. Comment forme-t-on les nombres ? — 19. Démontrez la formation des dix premiers nombres ? — 20. Comment appelle-t-on les neuf premiers nombres ? — 21. Qu'est-ce qu'une dizaine ? — 22. Quelle est la valeur des dizaines par rapport aux unités ? — 23. Démontrez comment on obtient la collection des dizaines ? — 24. Comment obtient-on les nombres compris entre deux dizaines consécutives ? — 25. Quelle remarque y a-t-il à faire sur les nombres *dix-un, dix-deux, etc.* ? — 26. Qu'est-ce qu'une centaine ? — 27. Quelle est la valeur des centaines par rapport aux dizaines ? — 28. Expliquez comment on forme la collection de dix centaines ? — 29. Comment obtient-on les nombres compris entre deux centaines consécutives ? — 30. Comment appelle-t-on la collection de dix centaines ? — 31. Comment trouve-t-on les dizaines de mille, les centaines de mille, etc. ? — 32. Comment trouve-t-on les millions, les billions, les trillions, etc. ? — 33. Comment se divisent les ordres d'unités ? — 34. Nommez les classes d'unités ? — 35. Quel est le principe fondamental de la numération ? — 36. Donnez la réciproque de ce principe ? — 37. Quelle est la valeur d'une classe d'unités par rapport à celle qui la précède ? — 38. Par rapport à celle qui la suit ?

3me LEÇON.

Numération écrite.

39. La numération écrite nous apprend à représenter les nombres à l'aide de dix caractères appelés *chiffres.*

40. Ce sont : 1, 2, 3, 4, 5, 6, 7, 8, 9, 0, qu'on lit : un, deux, trois, quatre, cinq, six, sept, huit, neuf, zéro.

41. Les neuf premiers chiffres sont dits chiffres *significatifs.*

42 Le 0, seul, s'appelle chiffre d'ordre; il n'exprime aucune valeur; mais il sert dans les nombres à conserver aux autres chiffres le rang des unités qu'ils représentent.

43. Tout chiffre significatif a deux valeurs : l'une *absolue*, c'est-à-dire celle qu'il a, *considéré seul;* et l'autre *relative*, c'est-à-dire celle qu'il prend *par rapport au rang qu'il occupe.*

44. Principe fondamental de la numération écrite. *Tout chiffre placé à la gauche d'un autre exprime des unités dix fois plus grandes, c'est-à-dire de l'ordre immédiatement supérieur à ce chiffre.*

45. Il résulte de ce principe que, pour écrire les nombres en chiffres, il faut placer, sur une ligne horizontale, en allant de droite à gauche, les unités au premier rang, les dizaines au second, les centaines au troisième, les mille au quatrième, les dizaines de mille au cinquième,

et ainsi de suite, en ayant soin de remplacer par des zéros les ordres qui ne sont pas exprimés.

46. Pour lire un nombre de plus de trois chiffres, on le décompose en tranches de trois chiffres ou classes, en allant de droite à gauche ; la dernière tranche peut n'avoir qu'un ou deux chiffres. La première tranche représente les unités simples ; la seconde, les mille; la troisième, les millions ; etc. On énonce ensuite chaque tranche séparé ment, en lui donnant le nom de la classe qu'elle représente.

47. **Tableau synoptique du système de numération écrite.**

5e Classe			4e Classe			3e Classe			2e Classe			1re Classe		
UNITÉS DE TRILLIONS			UNITÉS DE BILLIONS			UNITÉS DE MILLIONS			UNITÉS DE MILLE			UNITÉS SIMPLES		
2	4	6	4	8	9	4	0	7	6	0	4	8	7	6
Centaines de trillions.	Dizaines de trillions,	Unités de trillions,	Centaines de billions,	Dizaines de billions,	Unités de billions,	Centaines de millions,	Dizaines de millions,	Unités de millions,	Centaines de mille,	Dizaines de mille,	Unités de mille,	Centaines,	Dizaines,	Unités,

3e QUESTIONNAIRE.

39. Qu'est-ce que la numération écrite ? — 40. Nommez les caractères appelés chiffres ? — 41. Quel nom donne-t-on aux neuf premiers nombres ? — 42. Comment appelle-on le chiffre 0 et à quoi sert-il ? — 43. Qu'entend-on par valeur absolue et valeur relative d'un chiffre significatif ? — 44. Quel est le principe fondamental de la numération écrite ? — 45. Comment écrit-on les nombres en chiffres ? — 46. Comment lit-on un nombre composé de plus de trois chiffres ? — 47. Dressez le tableau du système de nnmération écrite ?

4me LEÇON.

Numération décimale.

48. Les *décimales* sont des fractions dix, cent, mille, etc., fois plus petites que l'unité.

49. La loi de formation des nombres décimaux est la même que celle des nombres entiers, c'est-à-dire que les unités de chaque ordre sont de dix en dix fois plus grandes à mesure qu'on avance vers la gauche, et réciproquement, de dix en dix fois plus petites en avançant vers la droite.

50. Les *chiffres décimaux* se placent à la droite du chiffre des unités simples, dont on les sépare par une virgule. Le premier chiffre après les unités représente les *dixièmes*, le suivant représente les *centièmes*, puis viennent les *millièmes*, les *dix-millièmes*, les *cent-millièmes*, etc., etc..

51. Lorsqu'il n'y a pas de nombre entier exprimé, on remplace, les unités entières, par un zéro.

52. Donc, pour écrire un nombre décimal, on écrit d'abord les entiers, s'il y en a, puis on place les dixièmes au 1er rang après la virgule, les centièmes au 2e rang, les millièmes au 3e rang, les dix-millièmes au 4e rang, les cent-millièmes au 5e rang, les millionièmes au 6e rang, etc., en ayant soin, comme dans les nombres entiers, de remplacer par des zéros les ordres de décimales qui ne sont pas exprimés.

53. Pour énoncer un nombre décimal, on lit d'abord les chiffres entiers (46), puis les chiffres décimaux qui sont à droite de la virgule, en leur donnant le nom des parties décimales qu'ils expriment.

54. Tableau du système de numération décimale comparé au système de numération des nombres entiers.

ENTIERS.							DÉCIMALES.					
7	6	5	4	3	2	1	2	3	4	5	6	7
Millions.	Centaines de mille.	Dizaines de mille.	Mille.	Centaines.	Dizaines.	*Unités.*	Dixièmes.	Centièmes.	Millièmes.	Dix-millièmes.	Cent-millièmes.	Millionièmes.

De ce qui précède on conclut :

55. 1° Que pour rendre un nombre entier 10, 100 ou 1000, etc., fois plus grand, il suffit d'écrire à sa droite un, deux ou trois, etc., zéros.

56. 2° Que pour rendre un nombre entier terminé par des zéros, 10, 100 ou 1000 fois plus petit, il suffit de supprimer à sa droite un, deux ou trois zéros.

57. 3° Qu'on rend un nombre entier, terminé par un chiffre significatif, 10, 100 ou 1000 fois plus petit en séparant, par une virgule, sur la droite de ce nombre deux ou trois chiffres décimaux.

58. 4° Que l'on rend un nombre décimal 10, 100 ou 1000 fois plus grand ou plus petit, selon que l'on avance la virgule vers la droite ou qu'on la recule vers la gauche, de un, deux ou trois rangs.

4° QUESTIONNAIRE.

48. Qu'entend-on par décimales ? — 49. Quelle est la loi de formation des nombres décimaux ? — 50. Où se placent les chiffres décimaux dans les nombres ? — 51. Où se placent les chiffres décimaux quand il n'y a pas de nombre entier exprimé ? — 52. Comment écrit-on un nombre décimal ? — 53. Comment énonce-t-on un nombre décimal ? — 54. Comparez le système de numération décimale au système de numération des nombres entiers ? — 55. Comment rend-on un nombre entier, 10, 100 ou 1000 fois plus grand ? — 56. Comment rend-on un nombre entier terminé par des zéros 10, 100 ou 1000 fois plus petit ? — 57. Comment rend-on un nombre entier terminé par un chiffre significatif 10, 100 ou 1000 fois plus petit ? — 58. Comment rend-on un nombre décimal 10, 100 ou 1000 fois plus grand ou plus petit ?

5me LEÇON.

Chiffres romains.

59. Les Romains employaient les sept lettres suivantes pour représenter les nombres :

MAJUSCULES : I, V, X, L, C, D, M;

MINUSCULES : i ou j, v, x, l, c, d, m;

CHIFFRES ARABES : 1, 5, 10, 50, 100, 500, 1000

60. Ces lettres, surmontées d'un trait, acquièrent une valeur 1000 fois plus grande.

61. Surmontées de deux traits, elles acquièrent une valeur 1,000,000 fois plus grande.

62. Une lettre placée à la droite d'une autre lettre d'une valeur égale ou plus grande s'ajoute à celle-ci.

63. Une lettre de moindre valeur placée à la gauche d'une lettre de plus grande valeur s'en retranche.

64. Une lettre placée entre deux autres d'une valeur supérieure se retranche de celle qui la suit.

65. Tableau présentant, exprimée en chiffres arabes, la valeur des chiffres romains de 1 à 10,000

ARABES	ROMAINS MINUSCULES.	ROMAINS MAJUSCULES.
1,	i,	I;
2,	ij,	II;
3,	iij,	III;

ARABES.	ROMAINS MINUSCULES.	ROMAINS MAJUSCULES.
4,	jv,	IV;
5,	v,	V;
6,	vj,	VI;
7,	vij,	VII;
8,	viij,	VIII;
9,	jx,	IX;
10,	x,	X;
20,	xx,	XX;
30,	xxx,	XXX;
40,	xl,	XL;
50,	l,	L;
60,	lx,	LX;
70,	lxx,	LXX;
80,	lxxx,	LXXX;
90,	xc,	XC;
100,	c,	C;
200,	cc,	CC;
300,	ccc,	CCC;
400,	cd,	CD;
500,	d,	D;
600,	dc,	DC;
700,	dcc,	DCC;
800,	dccc,	DCCC;
900,	cm,	CM;
1000,	m,	M;
10,000,	$\overline{\text{x}}$,	$\overline{\text{X}}$.

Exercices de récapitulation sur la lecture et l'écriture des nombres entiers.

1er EXERCICE.

1° Ecrivez en chiffres les nombres suivants :

1. Sept unités, — quarante-huit unités, — neuf dizaines, — cinq cent quarante-six unités, — trois cent-huit unités, — deux cent-vingt-huit unités, — quatre centaines, sept unités, — neuf dizaines et trois unités.

2. Quatre mille unités, — huit mille cent-trente-deux unités, — deux mille quarante-huit unités, — sept mille huit unités.

3. Six millions, — trois millions sept cent vingt-deux mille sept cent vingt-cinq unités, — quatre millions trente-huit mille quatre unités, — huit millions six mille deux unités.

4. Cinq billions, — trois billions deux cent quarante-cinq millions six cent quarante-huit mille deux cent cinquante-quatre unités, — huit billions trente-deux millions quarante-sept mille vingt-huit unités, — neuf billions huit millions six mille huit unités.

2e EXERCICE.

Exercices sur la lecture et l'écriture des nombres décimaux.

Ecrivez en chiffres les nombres suivants :

5. Huit unités cinq dizièmes, — quatre dizièmes, — deux unités trente-huit centièmes, — quarante-cinq centièmes, — cent-huit unités deux cent quarante-cinq millièmes, — cent trente-six millièmes, — quatre unités, soixante-quinze millièmes, — trente-cinq millièmes, — sept cent-neuf unités, huit millièmes, — six millièmes.

6. Huit unités, neuf mille quatre cent soixante-quinze dix-millièmes, — trois cent vingt-deux dix-milliémes, — quarante-cinq unités, soixante-quinze dix-millièmes, — huit dix-millièmes, —

vingt-quatre unités trente-six mille quatre cent soixante-quinze cent-millièmes, — sept mille trois cent vingt-quatre cent-millièmes, — neuf unités, sept cent trente-deux cent-millièmes, — quarante-huit cent-millièmes, — quarante-sept unités sept cent-millièmes.

7. Sept unités quatre cent quatre-vingt-dix-millioniémes, — sept mille huit cent soixante-douze-millioniémes,— huit-millioniémes.

3e EXERCICE RÉCAPITULATIF.

Exercices sur la numération des nombres décimaux.

8. Rendez le nombre 48, dix fois plus grand.
9. Rendez le nombre 45, 100 fois plus grand.
10. Rendez le nombre 756, 1000 fois plus grand.
11. Rendez le nombre 97, 10,000 fois plus grand.
12. Rendez 10 fois plus petit, le nombre 450.
13. Rendez 100 fois plus petit, le nombre 2900.
14. Rendez 1000 fois plus petit, le nombre 7000.
15. Rendez le nombre 954, dix fois plus petit.
16. Rendez le nombre 768, cent fois plus petit.
17. Rendez 1000 fois plus petit, le nombre 3945.
18. Rendez 10 fois plus grand, le nombre 9,38.
19. Rendez 100 fois plus grand, le nombre 5,35.
20. Rendez 1000 fois plus grand, le nombre 9,075.
21. Rendez 10 fois plus petit, le nombre 6,45.
22. Rendez 100 fois plus petit, le nombre 9,745.
23. Rendez 1000 fois plus petit, le nombre 7,436.
24. Rendez 10 fois plus grands, les nombres suivants : 9 — 875 — 9,45 — 36,25 — 0,45 — 367,27.
25. Rendez 100 fois plus grands les nombres 8 — 9,75 — 367,25 — 48 — 0,375.
26. Rendez 1000 fois plus grands les nombres 325 — 9,75 — 7,08 — 74,365 — 0,005.
27. Rendez 10 fois plus petits les nombres 72 — 7 — 3,25 — 98,760 — 90 — 37,5 — 0,48

28. Rendez 100 fois plus petits les nombres 800 — 749 — 4375 — 7,45 — 9,056 — 3,730 — 0,475 — 0,7.

29. Rendez 1000 fois plus petits les nombres 7000 — 9840 — 24,75 — 9,746 — 0,005 — 7,67 — 0,8 — 0,75 — 0,846.

4e EXERCICE.

Exercices sur la lecture et l'écriture des chiffres romains.

30. **Ecrivez en chiffres arabes les nombres suivants :**

IX, XVII, XXIV, XXXVI, XLIX, LII, LXV, LXXVIII, LXXXI, XCIX, CXXXVI, MDCLIV, MDCCXLVII, MDCCCLXX.

31. **Ecrivez en chiffres romains les nombres suivants:**

7 — 18 — 24 — 32 — 41 — 55 — 69 — 78 — 85 — 97 — 156 — 1854 — 1793.

Abrégé du système métrique.

6me LEÇON.

66. L'*unité de mesure* est une quantité déterminée prise pour terme de comparaison entre des quantités de même espèce.

67. *Mesurer* une quantité, c'est chercher combien de fois l'unité de mesure la contient ou y est contenue.

68. Le **système métrique** est l'ensemble des poids et mesures usités en France.

69. On l'appelle *métrique* parce que toutes ses unités dérivent du mètre.

70. Il est dit aussi système *légal* parce que c'est le seul autorisé par la loi.

71. Les unités du système métrique sont au nombre de *six*, savoir :

Le **Mètre**, pour les longueurs ;

Le **Mètre carré** ou **l'are**, pour les surfaces ;

Le **Stère** ou **mètre cube**, pour les volumes ;

Le **Litre**, pour les mesures de capacité ;

Le **Gramme**, pour les mesures de poids ;

Le **Franc**, pour les monnaies.

72. Chacune de ces unités a en outre ses *multiples* et ses *sous-multiples*.

Les multiples sont des quantités de dix en dix fois plus grandes que l'unité. Les sous-multiples sont des quantités de dix en dix fois plus petites que l'unité.

73. On forme les noms des multiples et des sous-multiples à l'aide de certains mots placés avant le nom de l'unité de mesure.

74. Les mots servant à former les multiples sont :

Déca,	qui	signifie	**dix** ;
Hecto,	—	—	**cent** ;
Kilo,	—	—	**mille** ;
Myria,	—	—	**dix-mille**.

75. Les mots servant à former les sous-multiples sont :

Déci,	qui	signifie	**dixième** ;
Centi,	—	—	**centième** ;
Milli,	—	—	**millième**.

6e QUESTIONNAIRE.

66. Qu'est-ce que l'unité de mesure ? — **67**. Qu'est-ce que mesurer une quantité ? — **68**. Qu'est-ce que le système métrique ? — **69**. Pourquoi l'appelle-t-on système *métrique* ? — **70** Pourquoi l'appelle-t-on système *légal*. ? — **71**. Combien y a-t-il d'unités du système métrique et quelles sont-elles ? — **72**. Qu'entend-on par multiples et sous-multiples ? — **73**. Comment forme-t-on leurs noms ? — **74**. Nommez les mots qui servent à former les multiples ? — **75** Nommez les mots qui servent à former les sous-multiples ?

7me LEÇON.

Du Mètre.

76. Le **MÈTRE**, unité des mesures de longueur et base du système métrique, est une longueur égale à la dix-millionième partie du quart de la circonférence de la terre.

77. Les **multiples** du mètre sont :

Le décamètre, qui vaut *dix* mètres ;

L'hectomètre, qui vaut *cent* mètres ;

Le kilomètre, qui vaut *mille* mètres ;

Le myriamètre, qui vaut *dix-mille* mètres.

78. Les **sous-multiples** sont :

Le décimètre, ou *dixième* partie du mètre ;

Le centimètre, ou *centième* partie du mètre ;

Le millimètre, ou *millième* partie du mètre.

79. Les mesures de longueur se divisent en deux espèces : les mesures *linéaires* et les mesures *itinéraires*.

80. Les mesures *linéaires* servent à mesurer la longueur d'une pièce de ruban, la largeur d'une maison, la hauteur d'un mur, la profondeur d'un trou, la distance entre deux points donnés, etc., etc.

81. Les mesures *itinéraires* servent à évaluer la longueur des routes et les distances géographiques. On n'emploie pour ces mesures que l'*hectomètre*, le *kilomètre* et le *myriamètre*.

82. Les hectomètres sont indiqués le long des routes par de petites bornes et les kilomètres par des bornes plus élevées ; quant au myriamètre, c'est une mesure fictive (1).

7e QUESTIONNAIRE.

76. Qu'est-ce que le mètre ? — 77. Quels sont les multiples du mètre ? — 78. Quels sont ses sous-multiples ? — 79. Comment se divisent les mesures de longueur ? — 80. A quoi servent les mesures linéaires ? — 81. Les mesures itinéraires ? — 82. A quoi servent les bornes plantées le long des routes ?

8me LEÇON.

Du Mètre carré.

83. Le **MÈTRE CARRÉ**, unité des mesures de surface, est *un carré* ayant 1 *mètre de côté*.

84. Il a pour **multiples** :

---

(1) Toutes les écoles étant aujourd'hui pourvues de tableaux de système métrique, nous avons cru inutile d'intercaler ici des figures dont les petites dimensions ne peuvent d'ailleurs donner aux enfants qu'une idée incomplète ou inexacte de ce qu'elles représentent.

Le **décamètre carré**, qui vaut 100 mètres carrés ;

L'**hectomètre carré**, qui vaut 10,000 mètres carrés ;

Le **kilomètre carré**, qui vaut 1,000,000 de mètres carrés ;

Le **myriamètre carré**, qui vaut 100,000,000 de mètres carrés.

85. Les **sous-multiples** sont :

Le décimètre carré, ou 100e partie du mètre carré ;

Le centimètre carré, ou 10,000e partie du mètre carré ;

Le millimètre carré, ou 1,000,000e partie du mètre carré.

86. Le mètre carré sert à évaluer les surfaces de peu d'étendue, comme la surface d'un parquet, d'un plafond, d'une tranche de marbre, d'une cour, etc.

L'hectomètre carré, le kilomètre carré et le myriamètre carré servent à évaluer les surfaces considérables.

8e QUESTIONNAIRE.

83. Qu'est-ce que le mètre carré ? — 84. Quels sont ses multiples. — 85. Quels sont ses sous-multiples ? — 86. Pour quelles mesures emploie-t-on le mètre carré, l'hectomètre carré, le kilomètre carré et le myriamètre carré ?

9me LEÇON.

De l'Are.

87. L'**ARE**, unité des mesures agraires, est une *surface*

carrée ayant *dix mètres de côté* et valant par conséquent 100 mètres carrés ou 1 décamètre carré.

88. Le seul **multiple** de l'are est l'**hectare**, qui vaut 100 *ares* ou 1 hectomètre carré.

89. Son seul **sous-multiple** est le **centiare** ou *centième* partie de l'are, qui est égal à un mètre carré.

90. On se sert de l'are et de l'hectare pour mesurer les terrains ; comme la surface d'un champ, d'un bois, d'un jardin, etc.

9e QUESTIONNAIRE.

87. Qu'est-ce que l'are ? — 88. Quel est son multiple ? — 89. Quel est son sous-multiple ? — 90. Dans quel cas se sert-on de l'are et de l'hectare ?

10me LEÇON.

Du Stère ou Mètre cube.

91. Le **MÈTRE CUBE**, unité des mesures de volume, est *un cube* formé par *six faces carrées* ayant chacune 1 *mètre de côté*.

92. Il n'a pas de **multiples** usités.

93. Ses **sous-multiples** sont :

Le décimètre cube, *millième* partie du mètre cube ;

Le centimètre cube, *millionième* partie du mètre cube ;

Le millimètre cube, *billionième* partie du mètre cube.

94. Le **STÈRE**, unité des mesures de volume pour les bois de chauffage, est *un volume* égal à celui du *mètre cube*.

95. Le seul **multiple** du stère est le **décastère** qui vaut *dix* stères.

96. Les **sous-multiples** sont :

Le **décistère**, *dixième* partie du stère ;

Le **centistère**, *centième* partie du stère.

97. On se sert du mètre cube pour évaluer le volume d'un bloc de marbre ou de pierre, d'un tas de sable, de la maçonnerie d'un bâtiment, des terrassements, etc.

98. Le stère est employé pour la mesure des bois de chauffage seulement.

99. Les bois d'équarrissage et de construction s'évaluent en mètres cubes.

10e QUESTIONNAIRE.

91. Qu'est-ce que le mètre cube ? — 92. Quels sont ses multiples ? — 93. Quels sont ses sous-multiples ? — 94. Qu'est-ce que le stère ? — 95. Quel est son multiple ? — 96. Quels sont ses sous-multiples ? — 97. A quelles mesures emploie-t-on le mètre cube ? — 98. A quoi sert spécialement le stère ? — 99. Comment évalue-t-on les bois de construction et d'équarrissage ?

11me LEÇON.

Du Litre.

100. Le **LITRE**, unité des mesures de capacité, est une *capacité* égale à *un décimètre cube*.

101. Les **multiples** du litre sont :

Le **décalitre**, qui vaut *dix* litres ;

L'**hectolitre**, qui vaut *cent* litres ;

Le **kilolitre**, qui vaut *mille* litres ;

Le **myrialitre**, qui vaut *dix-mille* litres.

102. Les **sous-multiples** sont :

Le **décilitre**, *dixième* partie du litre ;

Le **centilitre**, *centième* partie du litre ;

Le **millilitre**, *millième* partie du litre.

103. Le litre sert à évaluer la capacité d'un tonneau, d'une cuve, d'un bassin, d'un vase quelconque, etc.

11e QUESTIONNAIRE.

100. Qu'est-ce que le litre ? — 101. Quels sont ses multiples ? — 102. Quels sont ses sous-multiples ? — Emploie-t-on encore d'autres mesures ? — 103. Quels sont les usages du litre ?

12me LEÇON.

Du Gramme.

104. Le **GRAMME**, unité des mesures de poids, est *le poids d'un centimètre cube d'eau pure.*

105. Les **multiples** du gramme sont :

Le **décagramme**, qui vaut *dix* grammes ;

L'**hectogramme**, qui vaut *cent* grammes ;

Le **kilogramme**, qui vaut *mille* grammes ;

Le **myriagramme**, qui vaut *dix-mille* grammes.

106. Ses **sous-multiples** sont :

Le **décigramme**, *dixième* partie du gramme ;

Le **centigramme**, *centième* partie du gramme ;

Le **milligramme**, *millième* partie du gramme.

107. Le gramme s'emploie pour le poids des matières précieuses, comme l'or, les pierres fines, etc., et en pharmacie.

Pour les corps de poids moyen, comme un pain de sucre, des pommes de terre, du sel, etc., on emploie le **kilogramme** comme unité.

108. On emploie aussi pour exprimer les fortes pesées le **quintal métrique** qui vaut 100 *kilogrammes* et le **tonneau de mer** qui vaut 1000 *kilogrammes*.

Ces poids sont dits *fictifs* parce qu'ils n'existent pas matériellement.

12e QUESTIONNAIRE.

104. Qu'est-ce que le gramme ? — 105. Quels sont ses multiples ? — 106. Quels sont ses sous-multiples ? — 107. A quels usages emploie-t-on particulièrement le gramme ? — Le kilogramme ? — 108. Qu'entend-on par quintal ? — par tonneau ou tonne métrique ?

13me LEÇON.

Du Franc.

109. Le **FRANC**, unité des mesures de monnaie, est une pièce d'argent pesant 5 *grammes*, frappée d'un type

légal, et contenant 835 millièmes d'argent pur et 165 millièmes de cuivre.

110. Le franc a deux **multiples** décimaux qui sont: la pièce de **10 francs** et la pièce de **100 francs.**

111. Il a aussi deux **sous-multiples** décimaux :

Le **décime**, *dixième* de franc;

Le **centime**, *centième* de franc.

Il existe encore d'autres pièces de monnaie.

112. Les pièces de monnaie sont de trois sortes :

113. **1° Pièces en or :**

La pièce de 5 francs,
— 10 francs,
— 20 francs,
— 40 francs,
— 50 francs,
— 100 francs.

114. **2° Pièces en argent :**

La pièce de 0 fr. 20 c.,
— 0 fr. 50 c.,
— 1 franc,
— 2 francs,
— 5 francs.

115. **3° Pièces en bronze :**

La pièce de 1 centime,
— 2 centimes,
— 5 —
— 10 —

116. **OBSERVATIONS.** — Dans les pièces en or il entre 9 dixièmes d'or pur et 1 dixième de cuivre.

117. Dans la pièce de 5 francs en argent, il entre 9 dixièmes d'argent fin et 1 dixième de cuivre.

118. La monnaie de bronze se compose de 95 centièmes de cuivre, 4 centièmes d'étain et 1 centième de zinc.

119. Le franc sert à évaluer le prix des objets, comme le prix d'un mètre de drap, de trois kilog. de sucre, de deux litres d'eau-de-vie, etc.

13e QUESTIONNAIRE.

109. Qu'est-ce que le franc ? — 110. Quels sont ses multiples ? — 111. Quels sont ses sous-multiples ? — 112. Combien y a-t-il d'espèces de pièces de monnaie ? — 113. Nommez les pièces en or ? — 114. Nommez les pièces en argent ? — 115. Nommez les pièces en bronze ? — 116. Combien entre-t-il d'or et de cuivre dans la monnaie d'or ? — 117. Les pièces d'argent renferment-elles toutes 835 millièmes d'argent fin et 165 millièmes de cuivre ? — 118. De quoi se compose la monnaie de bronze ? — 119. A quoi sert le franc ?

14me LEÇON.

Observations sur le système métrique.

120. Comme on vient de le voir (Nos 84, 85), les multiples et sous-multiples du mètre carré sont de 100 en 100 fois plus grands ou plus petits.

Les sous-multiples du mètre cube (No 93) sont de 1000 en 1000 fois plus petits que l'unité.

Dans les mètres carrés, chaque ordre décimal doit donc être représenté par deux chiffres, et dans les mètres cubes, par trois chiffres.

Dans ces deux cas, les expressions *décimètre, centimètre, millimètre carré; décimètre, centimètre, millimètre cube*, n'ont plus la signification de *dixième, centième, millième* de l'unité, car

121 Le **décimètre carré** est la *centième* partie du mètre carré;
Le *dixième* du mètre carré est la *dixième* partie du mètre carré;

Le **centimètre carré** est la *dix-millième* partie du mètre carré;
Le *centième* du mètre carré est la *centième* partie du mètre carré;

Le **millimètre carré** est la *millionième* partie du mètre carré;
Le *millième* du mètre carré est la *millième* partie du mètre carré;

Le **décimètre cube** est la *millième* partie du mètre cube;
Le *dixième* du mètre cube est la *dixième* partie du mètre cube;

Le **centimètre cube** est la *millionième* partie du mètre cube;
Le *centième* du mètre cube est la *centième* partie du mètre cube;

Le **millimètre cube** est la *billionième* partie du mètre cube;
Le *millième* du mètre cube est la *millième* partie du mètre cube.

14e QUESTIONNAIRE.

120. Qu'y a-t-il à remarquer dans les valeurs relatives des multiples et des sous-multiples du mètre carré, — du mètre cube ? — 121. Etablissez la différence qui existe entre le décimètre carré et le dixième de mètre carré, — entre le centimètre carré et le centième de mètre carré, — entre le millimètre carré et le millième de mètre carré, — entre le décimètre cube et le dixième de mètre cube, — entre le centimètre cube et le centième de mètre cube, — entre le millimètre cube et le millième de mètre cube ?

15me LEÇON.

Changement d'unité.

122. Dans la pratique, l'unité de mesure varie suivant les quantités que l'on a à mesurer ou à exprimer.

Pour les longueurs ordinaires on emploie le mètre comme unité ; pour les distances moyennes on emploie le décamètre et l'hectomètre; pour les grandes distances, le kilomètre et le myriamètre, etc.

Il arrive donc que l'on peut avoir à changer d'unité, c'est-à-dire à convertir des mesures plus grandes en plus petites et réciproquement.

123. *Lorsqu'on veut convertir des unités supérieures en unités inférieures, il faut avancer la virgule, vers la droite d'autant de rangs, plus un, qu'il y a de noms de multiples et de sous-multiples y compris celui de l'unité principale, s'il y a lieu, entre l'unité supérieure et l'unité inférieure proposées. S'il n'y avait pas assez de chiffres, on y suppléerait par des zéros.*

1er Exemple. — Réduire 4 Mm 7475 en décamètres :

Les noms des multiples compris entre Mm et décamètres sont au nombre de deux : kilomètre et hectomètre; 2 + 1 = 3 ; il faut donc avancer la virgule de trois rangs vers la droite. On obtient ainsi 4747 Dm 5.

2e Exemple. — Réduire 8 Dm 987674 en centimètres :

Les noms des sous-multiples, plus celui de l'unité principale compris entre décamètre et centimètre, sont au nombre de deux : mètre, décimètre ; 2 + 1 = 3 ; il faut donc avancer la virgule de trois rangs vers la droite. On obtient ainsi 8987 cm 674.

124. *Pour convertir des unités inférieures en unités supérieures, il faut reculer la virgule vers la gauche d'autant de rangs plus un, qu'il y a de noms de multiples et de sous-multiples y compris celui de l'unité principale, s'il y a lieu, entre l'unité inférieure et l'unité supérieure proposées. S'il n'y avait pas assez de chiffres, on y suppléerait par des zéros.*

1er Exemple. — Réduire 37457 décim 4, en kilomètres :

Les noms de multiples plus celui de l'unité principale compris entre l'unité inférieure et l'unité supérieure proposées sont au nombre de trois ; 3 + 1 = 4 ; il faut donc reculer la virgule de quatre rangs vers la gauche. On obtient ainsi 3 km 74574.

2e Exemple. — Réduire 47 cm en hectomètres :

Les noms de multiples et de sous-multiples plus celui de l'unité principale, compris entre l'unité inférieure et l'unité supérieure proposées sont au nombre de trois ; 3 + 1 = 4 ; il faut donc reculer la virgule de quatre rangs vers la gauche ; mais comme il n'y a que deux chiffres, il faut y suppléer par deux zéros. On obtient ainsi 0 Hm 0047.

125. Les deux règles qui précèdent peuvent s'appliquer aux unités de surface et de volume en observant qu'il faut compter deux chiffres au lieu d'un pour les premières, et trois pour les secondes.

126. (1) Un moyen très-simple et pratique d'opérer les changements d'unités consiste à écrire comme suit les mots

Myria, kilo, hecto, déca, unité, *déci, centi, milli.*

On écrit au-dessous le nombre proposé en ayant soin de donner à chaque chiffre le rang qui lui convient dans l'ordre des multiples et des sous-multiples.

Il suffit alors de lire le nom de l'unité à déterminer pour trouver la place que doit occuper la virgule.

Exemple. — Réduire 498765 décimètres en kilomètres :

Myria,	kilo,	hecto,	déca,	unité,	déci,	centi,	milli,
4	9	8	7	6	5	»	»

On voit immédiatement qu'il faut placer la virgule après le 9, ce qui donne 49 km 8765.

127. Toutes les unités du système métrique dérivent du mètre comme on va le voir.

En effet, l'*unité de surface* est le *mètre* carré, qui est un carré ayant un mètre de côté.

L'*unité de volume* est un cube qui a un mètre de côté.

---

(1) Pour de jeunes élèves nous conseillons plutôt l'emploi de ce moyen pratique, dans lequel l'œil de l'enfant vient en aide à sa mémoire, que l'application des deux règles 123 et 124, plus abstraites.

L'*unité de capacité* est une capacité égale à un **décimètre** cube.

L'*unité de poids* est le poids de l'eau contenue dans un **centimètre** cube.

L'unité de monnaie dérive du mètre par son **poids** et par son **diamètre.**

15e QUESTIONNAIRE.

122. Les unités principales du système métrique sont-elles toujours employées comme unités de calcul ? — 123. Comment convertit-on des unités supérieures en unités inférieures ? — 124. des unités inférieures en unités supérieures ? — 125. Comment peut-on faire l'application de ces deux règles aux unités de surface et de volume ? — 126. N'existe-t-il pas un moyen mécanique d'opérer les changements d'unités ? — 127. Démontrez comment toutes les unités du système métrique dérivent du mètre ?

Tableau du système métrique.

MULTIPLES.				UNITÉS PRINCIPALES	SOUS-MULTIPLES.		
Myria 10,000	**Kilo** 1,000	**Hecto** 100	**Déca** 10		**Déci** 0,1	**Centi** 0,01	**Milli** 0,001
* Mm myriamètre	Km kilomètre	Hm hectomètre	Dm décamètre	*Longueur :* m mètre	dm décimètre	cm centimètre	mm millimètre
» » * Mm 2 myriam carré	» » Km 2 kilom. carré	* Ha hectare Hm 2 hectom.carré	» » Dm 2 décam. carré	*Superficie :* a are m 2 mètre carré	» » ** dm 2 décim. carré	ca centiare cm 2 centim. carré	» » mm 2 millim. carré
* » » »	» » »	» » »	* Ds décastère » »	*Volume :* s stère * m 3 mètre cube	ds décistère *** dm 3 décim. cube	» cm 3 centim. cube	» mm 3 millim. cube
* Ml myrialitre	Kl kilolitre	Hl hectolitre	Dl décalitre	*Capacité :* l litre	dl décilitre	cl centilitre	ml millilitre
* Mg myriagram^me	Kg kilogramme	Hg hectogramme	Dg décagramme	*Poids :* g gramme	dg décigramme	cg centigramme	mg milligramme
		» pièce de 100 f	» pièce de 10 f.	*Monnaie :* * f franc	d décime	c centime	» »

* Abréviations, par lesquelles on désigne les unités et les multiples et sous-multiples du système métrique.
** Comme nous l'avons vu (Nos 120 - 121) les mots déci, centi, milli, sont mis ici pour 0,01e, 0,0001e, 0,000001e.
*** — — — — — — — 0,001e, 0,000001e, 0,000000001e.

Système métrique comparé au système de numération décimale.

2e CLASSE. Unités de mille.		1re CLASSE. Unités simples.			FRACTIONS DÉCIMALES.		
5e ORDRE : dizaines de mille 10,000.	4e ORDRE : MILLE, 1,000	3e ORDRE : CENTAINES, 100	2e ORDRE : DIZAINES, 10	1er ORDRE : UNITÉS, 1	DIXIÈMES, 0,1	CENTIÈMES, 0,01	MILLIÈMES, 0,001
myriamètre,	kilomètre,	hectomètre,	décamètre,	mètre,	décimètre,	centimètre,	millimètre.
»	»	hectare,	»	are,	»	centiare,	»
»	»	»	décastère,	stère,	décistère,	»	»
myrialitre,	kilolitre,	hectolitre,	décalitre,	litre,	décilitre,	centilitre,	millilitre.
myriagramme,	kilogramme,	hectogramme,	décagramme,	gramme,	décigramme,	centigramme,	milligramme.
»	»	pièce de 100 f,	pièce de 10 f,	franc.	décime,	centime,	»

Observation. — Nous savons que le mètre carré et le mètre cube s'écartent de la loi générale de formation des multiples et des sous-multiples.

Exercices récapitulatifs sur la numération et le système métrique.

Exprimez en chiffres :

1. Trois kilomètres, sept mètres ;
2. Neuf hectomètres, cinq décamètres ;
3. Trois myriamètres, un décimètre ;
4. Quatre kilomètres, huit décamètres ;
5. Cent-huit hectomètres, trente-cinq centimètres ;
6. Un million treize mille millimètres.
7. Six hectomètres, deux décimètres cinq millimètres ;
8. Soixante-quinze mille trois mètres, sept centimètres ;
9. Trois myriamètres dix-huit mètres, un millimètre ;
10. Quatre centimètres ;
11. Soixante-quatre décamètres, trente-six millimètres ;
12. Cinq mille un décimètres ;
13. Trente-neuf kilomètres, cinq cent soixante-dix millimètres ;
14. Dix-neuf millions de millimètres ;
15. Soixante-dix-huit hectomètres, quatre cents centimètres ;
16. Treize kilomètres, quarante-cinq centimètres ;
17. Un mètre, huit millimètres ;
18. Sept mille un décamètre ;
19. Six myriamètres, trois hectomètres, cinq décimètres ;
20. Cinquante-et-un décamètres, trois cent douze millimètres ;
21. Prendre le mètre pour unité dans l'expression 59 Km. 745 ;
22. Prendre le décamètre pour unité dans l'expression 39 Km. ;
23. Prendre l'hectomètre pour unité dans l'expression 4008 Mm. 1 ;
24. Prendre le kilomètre pour unité dans l'expression 240750 m. ;
25. Prendre le centimètre pour unité dans l'expression 1015 Hm. ;
26. Prendre le myriamètre pour unité dans l'expression 7290450 m. ;
27. Prendre le millimètre pour unité dans l'expression 70001 Dm. ;
28. Prendre le décimètre pour unité dans l'expression 74003 Km. 7 ;
29. Prendre le décamètre pour unité dans l'expression 54 Mm. 8 ;
30. Prendre le centimètre pour unité dans l'expression 376 Km. 7 ;

Exprimez en chiffres :

31. Trois cent quatre-vingt-dix décimètres carrés ;
32. Cinq cent soixante-douze hectomètres carrés, trente-cinq centimètres carrés ;
33. Quatre kilomètres carrés, trois mètres carrés, sept décimètres carrés ;
34. Cinquante-six hectomètres carrés, quatre-vingt-dix centimè-carrés ;
35. Dix mille quatre mètres carrés, vingt-cinq millimètres carrés ;
36. Cinq mille mètres carrés, trois cents millimètres carrés ;
37. Sept myriamètres carrés, huit hectomètres carrés, soixante-quinze décimètres carrés ;
38. Six cent quatre-vingt-quatorze décamètres, trente-sept centimètres carrés ;
39. Soixante-trois hectomètres carrés, huit mètres carrés, trois mille vingt-sept millimètres carrés ;
40. Un myriamètre carré, deux décamètres carrés, trois décimètres carrés, quatre millimètres carrés ;
41. Cent vingt-trois hectomètres carrés, quarante-cinq décimètres carrés ;
42. Six cent soixante-dix-neuf mille trois mètres carrés, quatre-vingt-dix-sept centimètres carrés ;
43. Un décamètre carré, quatre-vingt-cinq décimètres carrés ;
44. Deux kilomètres carrés, quarante-neuf millimètres carrés ;
45. Cinq myriamètres carrés, six centimètres carrés ;
46. Trois cent quatre-vingt-dix-huit décimètres carrés, quatre-vingt-seize millimètres carrés ;
47. Soixante-huit mille hectomètres carrés, six décamètres carrés, cinq millimètres carrés ;
48. Trois kilomètres carrés, quarante-et-un décimètres carrés ;
49. Sept mètres carrés, cinquante millimètres carrés ;
50. Six cent quatre-vingt-dix-sept décamètres carrés, treize centimètres carrés ;
51. Prendre le décamètre carré pour unité dans l'expression 6015 kilomètres carrés ;
52. Prendre le millimètre carré pour unité dans l'expression 1019 décamètres carrés, 5 ;

53. Prendre le kilomètre carré pour unité dans l'expression 37006 décamètres carrés ;
54. Prendre le mètre carré pour unité dans l'expression 339647125 millimètres carrés ;
55. Prendre le décimètre carré pour unité dans l'expression 18 hectomètres carrés, 6 ;
56. Prendre le centimètre carré pour unité dans l'expression 7012 décamètres carrés, 5 ;
57. Prendre l'hectomètre carré pour unité dans l'expression 5 myriamètres carrés, 8 ;
58. Prendre le myriamètre carré pour unité dans l'expression 728000030 décamètres carrés ;
59. Prendre le mètre carré pour unité dans l'expression 729 hectomètres carrés ;
60. Prendre l'hectomètre carré pour unité dans l'expression 101012074146 décimètres carrés ;

Exprimez en chiffres :

61. Trente hectares, huit ares ;
62. Sept ares, vingt-huit centiares ;
63. Cinquante hectares, dix-neuf centiares ;
64. Quinze hectares neuf ares, sept centiares ;
65. Soixante mille trente-sept ares, un centiare ;
66. Quinze mille douze centiares ;
67. Six cent-vingt-deux hectares, trente centiares ;
68. Quatre-vingt-dix-huit centiares ;
69. Douze millions d'ares, quatre centiares ;
70. Cinq mille hectares sept ares, soixante-deux centiares ;
71. Prendre le centiare pour unité dans l'expression 30006 ares ;
72. Prendre l'are pour unité dans l'expression 18000097 centiares ;
73. Prendre l'hectare pour unité dans l'expression 528002 ares, 6 ;
74. Prendre l'are pour unité dans l'expression 18003 hectares ;
75. Prendre le centiare pour unité dans l'expression 597012008 ares ;
76. Prendre l'hectare pour unité dans l'expression 79 ares ;

Exprimez en chiffres :

77. Sept mille douze décimètres cubes ;
78. Un million dix-huit cents mètres cubes ;
79. Cinquante décimètres cubes ;
80. Deux cent vingt-huit mille cinquante-quatre millimètres cubes;
81. Sept mille quatre-vingt-trois mètres cubes ;
82. Six cent - douze millions quinze mille quatre - vingt - cinq centimètres cubes ;
83. Cent-douze millimètres cubes ;
84. Deux cent cinquante - neuf décimètres cubes un centimètre cube ;
85. Un million huit cent quatre-vingt-quinze décimètres cubes ;
86. Cinq mille trois cent-douze millimètres cubes ;
87. Cinquante-neuf centimètres cubes ;
88. Cent soixante-sept mille décimètres cubes ;
89. Cinq cent quatre-vingt-huit mille trois cent-douze centimètres cubes ;
90. Dix-huit millions cinquante-sept millimètres cubes ;
91. Sept cent soixante-sept mille vingt-et-un décimètres cubes ;
92. Quatre billions six millions quatre-vingt-dix-huit mille trois millimètres cubes ;
93. Douze cent-trente-cinq centimètres cubes ;
94. Dix mille dix-huit décimètres cubes ;
95. Trente-sept mille soixante-cinq millimètres cubes ;
96. Sept cent vingt-huit centimètres cubes ;
97. Prendre le décimètre cube pour unité dans l'expression 18728000 centimètres cubes ;
98. Prendre le centimètre cube pour unité dans l'expression 35901 1035 décimètres cubes ;
99. Prendre le millimètre cube pour unité dans l'expression 79015 mètres cubes ;
100. Prendre le centimètre cube pour unité dans l'expression 887 millimètres cubes ;
101. Prendre le millimètre cube pour unité dans l'expression 12887 décimètres cubes ;
102. Prendre le décimètre cube pour unité dans l'expression 7093018 centimètres cubes ;

Exprimez en chiffres :

103. Cent-vingt-cinq décistères ;
104. Trois mille soixante-quatre centistères ;
105. Mille cinq décastères ;
106. Douze mille huit cent-cinq centistères ;
107. Cinquante-neuf millions de centistères ;
108. Six mille douze décistères ;
109. Cent-vingt mille neuf cent-sept décastères ;
110. Huit mille sept centistères ;
111. Mille soixante-douze stères ;
112. Cinq mille quarante-trois décistères ;
113. Mille-un décastères ;
114. Seize mille quatre-vingt-dix-neuf centistères ;
115. Soixante-cinq décistères ;
116. Prendre le stère pour unité dans l'expression 5098 décistères ;
117. Prendre le décastère pour unité dans l'expression 475098 décistères ;
118. Prendre le centistère pour unité dans l'expression 128 stères, 7 ;
119. Prendre le décistère pour unité dans l'expression 728037 décastères ;
120. Prendre le stère pour unité dans l'expression 6095974 centistères ;
121. Prendre le centistères pour unité dans l'expression 1006 décastères ;
122. Prendre le décistère pour unité dans l'expression 16008 décistères ;
123. Prendre le décastère pour unité dans l'expression 5067043 centistères ;

Exprimez en chiffres :

124. Douze mille quatre hectolitres ;
125. Soixante-quinze millions un millilitre ;
126. Trente-cinq hectolitres dix-huit litres ;
127. Un myrialitre sept décalitres, trente-neuf centilitres ;

128. Trois mille quatre-vingt-dix-sept litres, cinquante-neuf millilitres ;
129. Cinq cent-soixante décilitres ;
130. Sept myrialitres neuf hectolitres huit litres quinze millilitres;
131. Quatre mille quatre cent-quinze centilitres ;
132. Sept hectolitres soixante-quinze décilitres ;
133. Douze myrialitres six décalitres ;
134. Mille six décalitres, quatre-vingt-quinze millilitres ;
135. Mille trente-sept décalitres sept cent vingt-huit millilitres ;
136. Six kilolitres quatre-vingt-quinze litres ;
137. Douze hectolitres, quarante-deux millilitres ;
138. Dix-huit kilolitres, trois cent vingt-six centilitres ;
139. Quatre myrialitres neuf litres, cinq centilitres ;
140. Neuf cent soixante-trois millilitres ;
141. Dix-huit millions sept kilolitres trente-cinq litres ;
142. Sept cent vingt-huit hectolitres, treize centilitres ;
143. Six myrialitres trente-neuf décalitres, sept décilitres ;
144. Cinquante mille neuf cent cinquante litres, six millilitres ;
145. Prendre l'hectolitre pour unité dans l'expression 596012 litres;
146. Prendre le centilitre pour unité dans l'expression 39 hectolitres, 8 ;
147. Prendre le décalitre pour unité dans l'expression 1098 millilitres ;
148. Prendre le myrialitre pour unité dans l'expression 12900035 centilitres ;
149. Prendre le litre pour unité dans l'expression 89076 millilitres ;
150. Prendre le décilitre pour unité dans l'expression 3 centilitres ;
151. Prendre le kilolitre pour unité dans l'expression 6015 décalitres ;
152. Prendre le millilitre pour unité dans l'expression 12001 hectolitres ;
153. Prendre le décilitre pour unité dans l'expression 28 décalitres;
154. Prendre le décalitre pour unité dans l'expression 594 millilitres;

Exprimez en chiffres :

155. Cinquante-neuf mille six décigrammes, sept milligrammes ;

156. Trente-neuf hectogrammes soizante-seize centigrammes ;
157. Six myriagrammes quinze grammes, trois décigrammes ;
158. Six cent-trente-deux millions huit grammes, cinq milligrammes ;
159. Quatre mille quatre-vingt-douze décagrammes, cinq décigrammes ;
160. Sept kilogrammes huit hectogrammes cinq grammes ;
161. Trois décigrammes six milligrammes ;
162. Douze grammes sept centigrammes ;
163. Cinquante-neuf kilogrammes six décagrammes trois cent cinquante-huit centigrammes ;
164. Sept millions trois grammes, neuf centigrammes ;
165. Cinq cent-quatre-vingt-quatorze hectogrammes six grammes, neuf décigrammes ;
166. Sept mille trente-huit kilogrammes cinq décagrammes, sept milligrammes ;
167. Six cent-quatorze décagrammes, trois centigrammes ;
168. Quinze grammes, six milligrammes ;
169. Six cent-vingt-neuf kilogrammes cinq décagrammes ;
170. Cinquante-trois décigrammes ;
171. Huit myriagrammes sept kilogrammes trente-neuf grammes ;
172. Quatre-vingt-dix-huit mille un hectogrammes, cinquante-six centigrammes ;
173. Cent mille quatre-vingt-seize décagrammes six décigrammes ;
174. Neuf hectogrammes trois décigrammes six milligrammes ;
175. Prendre le centigramme pour unité dans l'expression 13 kilogrammes, 96 ;
176. Prendre le décagramme pour unité dans l'expression 700003 décigrammes ;
177. Prendre le kilogramme pour unité dans l'expression 39 centigrammes ;
178. Prendre le myriagramme pour unité dans l'expression 18 Décagrammes, 123 ;
179. Prendre l'hectogramme pour unité dans l'expression 1017008 grammes ;
180. Prendre le décigramme pour unité dans l'expression 95 kilogrammes ;

181. Prendre le milligramme pour unité dans l'expression 43 décigrammes ;

182. Prendre le gramme pour unité dans l'expression 63 milligrammes ;

183. Prendre le kilogramme pour unité dans l'expression 7000003 centigrammes ;

184. Prendre le centigramme pour unité dans l'expression 6 décagrammes 1 gramme ;

Exprimez en chiffres :

185. Six mille dix-huit centimes ;
186. Trois francs, un décime ;
187. Quatre-vingt-quinze centimes ;
188. Dix mille soixante-quatorze décimes ;
189. Quinze francs, trois décimes huit centimes ;
190. Dix-huit francs, quatorze centimes ;
191. Un franc, un centime ;
192. Mille quatre-vingt-seize centimes ;
193. Dix francs, huit décimes ;
194. Cinq francs, neuf centimes ;
195. Prendre le décime pour unité dans l'expression 45096 centimes ;
196. Prendre le franc pour unité dans l'expression 700012 décimes ;
197. Prendre le centime pour unité dans l'expression 1000 francs ;
198. Prendre le décime pour unité dans l'expression 9 centimes ;
199. Prendre le franc pour unité dans l'expression 3 décimes ;
200. Prendre le centime pour unité dans l'expression 9800007 francs.

FIN DE LA PREMIÈRE PARTIE.

Maubeuge, Imp. et Lith. E. Beugnies.

16me LEÇON.

Du Calcul.

128. Le CALCUL est la partie de l'arithmétique qui apprend à composer et à décomposer les nombres plus promptement que par la numération.

129. (13 et 14 bis). Il y a quatre opérations fondamentales du calcul, dont deux, l'addition et la multiplication servent à composer les nombres, et les deux autres, la soustraction et la division, servent à les décomposer.

De l'Addition.

130. **Définition.** — L'*addition* est une opération par laquelle on réunit plusieurs nombres de la même espèce en un seul qu'on appelle *somme* ou *total*.

131. **Autre définition**. — L'*addition* est une opération qui a pour but, étant donnés deux ou plusieurs nombres de même espèce, de former un nouveau nombre renfermant à lui seul autant d'unités qu'il y en a dans tous les nombres donnés à additionner.

Le résultat s'appelle *somme* ou *total*.

132. L'addition s'indique par ce signe +, qui s'énonce *plus*.

Addition des Nombres entiers.

133. **Règle générale**. — Pour additionner plusieurs nombres entiers, on les écrit les uns sous les autres, en

ayant soin de placer les unités sous les unités, les dizaines sous les dizaines, etc. Puis, on trace un trait horizontal sous le dernier ; et, commençant par la droite, on additionne les chiffres de la première colonne.

Si le résultat obtenu ne surpasse pas 9, on l'écrit au-dessous de la colonne d'où il provient tel qu'on le trouve ; mais s'il est plus grand que 9, on n'écrit que les unités et l'on retient les dizaines pour les additionner avec celles de la colonne suivante. On opère sur cette colonne et sur les autres comme sur la première, en ayant toujours soin de retenir les unités de l'ordre supérieur à celui de la colonne sur laquelle on opère, pour les additionner dans la colonne suivante, excepté à la dernière colonne, au-dessous de laquelle on écrit le résultat tel qu'on le trouve.

Addition des Nombres décimaux.

134. **Règle.** — Pour faire l'addition des nombres décimaux, on opère comme sur les nombres entiers, en ayant soin toutefois de placer la virgule au total au rang qu'elle occupe dans les nombres.

135. **Preuve.** — La preuve d'une opération est une seconde opération qui a pour but de s'assurer de l'exactitude de la première.

135 (bis). **Preuve de l'addition.** — Pour faire la preuve de l'addition on trace un trait horizontal au-dessus des nombres ; puis, commençant à droite, par en bas, on

procède à l'addition de bas en haut comme dans la première opération : Si le second total ainsi obtenu est le même que le premier, on en conclura que l'addition est bonne.

16e QUESTIONNAIRE.

128. Qu'est-ce que le calcul ? — 129. Combien y a-t-il d'opérations fondamentales du calcul et quelles sont elles ? — 130. Qu'est-ce que l'addition ? — 131. Donnez l'autre définition de l'addition ? — 132. Quel est le signe de l'addition ? — 133. Comment se fait l'addition des nombres entiers ? — 134. Comment se fait l'addition des nombres décimaux ? — 135. Qu'appelle-t-on preuve d'une opération ? — 135 (bis). Comment fait-on la preuve de l'addition.

Exercices sur l'Addition.

MÈTRES.	FRANCS.	LITRES.	GRAMMES.	STÈRES.
1.—12.	2.—48.	3.—35.	4.—90,	5.—21.
25.	32.	46.	27.	32.
34.	27.	79.	12.	43.
48.	29.	83.	88.	54.
73.	30.	92.	79.	65.

ARES.	FRANCS.	MÈTRES CARRÉS.	LITRES.	MÈTRES CUBES.
6.—66.	7.—96.	8.—21.	9.—66.	10.—12.
77.	87.	32.	78.	24.
89.	78.	43.	87.	32.
98.	65.	54.	99.	45.
95.	54.	65.	10.	73.

POMMES.	MOUTONS.	BOEUFS.	PERCHES.
11.—121.	12.—723	13.—328	14.—412.
232.	654.	439.	360.
345.	765.	228.	145.
437.	864.	329.	362.
839.	932.	245.	455.

FAGOTS.	SOLDATS.	FUSILS.	CHEVAUX.
15.—630.	16.—306.	17.—932.	18.—987.
324.	125.	734.	742.
653.	858.	313.	934.
897.	323.	321.	365.
954.	454.	465.	423.

BILLES.	KILOMÈTRES.	HECTARES.	HABITANTS.
19.—712.	20.—869.	21.—4301.	22.—5675.
475.	748.	5624.	3768.
546.	657.	3743.	4137.
156.	560.	1040.	4361.
637.	475.	6247.	9872.

HECTOLITRES.	KILOGRAMMES.	LITRES.
23.—4513.	24.—3642.	25.—7231.
1045.	8755.	4852.
2642.	9864.	9564.
8780.	1055.	8782.
4239.	2867.	9789.

KILOGRAMMES.	BRIQUES.	TUILES.
26.—7839.	27.—6842.	28.—3743.
3247.	1040.	4236.
3743.	4366.	1534.
4369.	2476.	6304.
8721.	1045.	3652.

ARDOISES.	CLOUS.	MÈTRES.
29.—3765.	30.—9054.	31.—103,25.
428.	8259.	848,69.
97.	75,	549,56.
9328.	6.	873,80.
49.	976,	954,25.

MÈTRES.	MÈTRES.	MÈTRES.
32.—937,60	33.—275,83.	34.—30,875.
84,29	832,52.	832,936.
6,80	324,56.	70,932.
129,25	239,87.	83,874.
60,93	832,78.	96,327.

LITRES.	LITRES.	LITRES.
35.—83,975.	36.—725,16	37.—94,365.
976,321.	84,12	121,937.
84,563.	936,28	29,186.
92,761.	725,14	14,175.
785,632.	75,18	220,782.

LITRES.	LITRES.	KILOGRAMMES.
38.—72,401.	39.—98,267.	40.—795,61.
41,064.	49,288.	832,93.
28,735.	93,297.	73,84.
27,643.	84,012.	274,12.
87,262.	92,025.	21,22.

KILOGRAMMES.	KILOGRAMMES.	KILOGRAMMES.
41.—728,753.	42.—251,740.	43.—438,946.
245,618.	160,204.	396,716.
632,436.	300,401.	425,014.
827,437.	42,287.	25,204.
41,064.	8,436.	302,878.
	346,209.	136,781.

KILOGRAMMES.	HECTOGRAMMES.	HECTOLITRES.
44.—254,875.	45.—29,330.	46.—8,256.
400,020.	764,256.	47,925.
809,209.	875,874.	107,278.
46,568.	936,942.	3,600.
73,936.	84,876.	30,876.
862,464.	1,912.	1,879.

HECTOLITRES.	HECTOLITRES.	HECTOLITRES.
47.—64,75.	48.—6,840.	49.—3,9321.
322,80.	937,875.	93,221.
302,	88,721.	4,236.
8,756.	9,2.	1,012.
3,6.	1,02.	736,9234.
12,475.	736,425.	7,6.
4,11.	74,92.	0,432.

HECTOLITRES.

50. — 756,28365.
8,29.
7,23696.
7324,875.
9,21.
86,32764.
7,48652.
9328,507.
6,42367.

51. — 49 + 74 + 78 + 52 + 82 litres.
52. — 12 + 14 + 23 + 79 + 13 œufs.
53. — 72 + 40 + 59 + 64 + 73 francs.
54. — 38 + 53 + 29 + 56 + 93 pommes.
55. — 21 + 99 + 87 + 78 + 46 oranges.
56. — 32 + 56 + 28 + 90 + 72 paires de sabots.
57. — 39 + 88 + 97 + 56 + 46 arbres.

58. — 49 + 72 + 13 + 50 + 87 perches.
59. — 70 + 81 + 92 + 73 + 86 ares.
60. — 712 + 813 + 432 + 563 + 132 mètres.
61. — 433 + 564 + 937 + 594 + 123 grammes.
62. — 989 + 756 + 930 + 578 + 114 hectolitres.
63. — 721 + 234 + 723 + 595 + 105 bœufs.
64. — 823 + 920 + 703 + 198 + 923 moutons.
65. — 723 + 145 + 254 + 529 + 146 gerbes.
66. — 302 + 304 + 905 + 796 + 165 chevaux.
67. — 998 + 887 + 776 + 675 + 159 vaches.
68. — 876 + 765 + 634 + 543 + 258 pains.
69. — 769 + 658 + 547 + 436 + 365 biscuits.
70. — 988 + 887 + 765 + 659 + 446 hectomètres.
71. — 1213 + 3450 + 3214 + 5327 + 7856 kilogrammes.
72 — 7273 + 8454 + 7235 + 1234 + 3843 soldats.
73. — 8324 + 7347 + 7213 + 2347 + 7521 moutons.
74. — 9435 + 8344 + 7217 + 3256 + 1270 habitants.
75. — 8967 + 8969 + 7943 + 1236 + 8760 cavaliers.
76. — 7856 + 7953 + 6854 + 9321 + 1870 fantassins.
77. — 9321 + 8432 + 8739 + 7938 + 5431 kilomètres.
78. — 8436 + 2425 + 7384 + 3291 + 3293 stères.
79. — 6432 + 5458 + 6432 + 3457 + 3498 mètres.
80. — 7341 + 4369 + 7347 + 4366 + 9322 litres.
81. — 62,32 + 74,92 + 84,941 + 76,321 + 97,83 francs.
82. — 73,436 + 7,493 + 76,830 + 67,42 + 793,8 mètres.
83. — 306,02 + 680,04 + 400,84 + 9,09 + 260,89 stères.
84. — 436,65 + 78,89 + 65,25 + 297,91 + 398,76 mètres carrés.
85. — 36,726 + 37,462 + 9,610 + 267,18 + 300,05 mètres.
86. — 40,009 + 20,705 + 4001,080 + 70,736 + 5,697 mètres cubes.
87. — 1792,02 + 43,936 + 56,844 + 76,932 + 884,932 litres.
88. — 265,70 + 367,58 + 458,45 + 286,59 + 7,038 grammes.
89. — 36,449 + 732,90 + 7632,19 + 823,4456 + 91,023 kilomètres.
90. — 7,61296 + 8,3219 + 3,165 + 236,5634 + 5634,76 + 36,37 ares.

91. — 89,2568 + 17,09 + 7,087 + 3,219 + 456,356 + 7321,01 mètres carrés.

92. — 97,5627 + 8,04 + 8432,0765 + 32875,09 + 22,34 + 33,0246 hectares.

93. — 328,89245 + 3345,394 + 7,0654321 + 889,32 + 76,483 + 87,939 mètres cubes.

94. — 937,723 + 73,94 + 32,95 + 64,709 + 797,3586 + 7,00912 hectolitres.

95. — 9457,8534 + 7432,1 + 1763,43 + 84321,656 + 7,2534 + 8,210 stères.

96. — 72,834 + 144,7236 + 8,348 + 49321,4 + 732,4657 + 9,312 mètres.

97. — 680,049 + 306,02 + 0,705 + 0,04309 + 0,0062 + 219234,7 + 8,3 décalitres.

98. — 176,2565 + 6,098 + 78,890 + 8,95 + 36,726 + 20,075 + 418,405 kilomètres.

99. — 0,00904056 + 9521,8756 + 9,032 + 7,0654 + 8,976 + 912,7 myriamètres.

100. — 932456 + 832,76369 + 32,156121 + 0,245 + 932456,3 + 81,93675 kilogrammes.

Problèmes sur l'Addition.

1. — Un marchand de liqueurs a vendu 7 Hl. d'eau-de-vie, 5 Hl. de cognac, 59 Hl. de vin blanc, 158 Hl. de vin rouge et 5 hectolitres de vin muscat. Combien a-t-il vendu d'hectolitres de liqueurs ?

2. — Un marchand d'étoffes a acheté 75^m de drap noir, 68^m de drap gris, 114^m de velours, 59^m de mérinos, 48^m de soie, 93^m de mousseline et 229^m d'étoffes diverses. Dites combien il a acheté de mètres d'étoffes.

3. — Un marbrier a vendu à un marchand de cheminées, une cheminée pour 412 f. ; une autre cheminée pour 205 f. ; 3 autres, pour 834 f., et un fonts de baptême pour 349 f. Quelle somme doit recevoir le marbrier ?

4. — Un ouvrier s'est acheté une paire de souliers pour 14 f.; un pantalon, pour 16 f. ; un gilet et un habit, pour 89 f.; une cravate, pour 2 f. ; une casquette, pour 4 f. ; 6 chemises, pour 41 f. Combien a-t-il dépensé en tout ?

5. — Un cultivateur a récolté sur un champ, 94 Hl. de blé ; sur un autre, 77 Hl. d'avoine ; sur un troisième, 86 Hl. de seigle ; sur un quatrième, 59 Hl. d'escourgeon et sur un cinquième, 99 Hl. de sarrasin. Combien a-t-il récolté d'hectolitres de grains en tout ?

6. — Un ouvrier marbrier fait, pendant un mois de travail, une cheminée pour 28 f. ; une autre, pour 37 f., et une troisième pour 16 f., de façon. Qu'a gagné cet ouvrier pendant ce mois ?

7. — Un menuisier a vendu une table ronde pour 41 f. ; une garde-robe pour 95 f.; un lit pour 33 f. ; une commode pour 72 f.; 2 fenêtres pour 69 f. ; 2 portes d'armoires avec chambranles pour 47 f.; une porte intérieure pour 18 f. Combien lui doit-on ?

8. — Un entrepreneur de maçonnerie a 8 ouvriers : le 1er fait 45 mètres cubes de maçonnerie ; le 2e, 47 m^3 ; le 3e, 51 m^3 ; le 4e, 49 m^3 ; le 5e, 53 m^3 ; le 6e, 39 m^3 ; le 7e, 45 m^3, et enfin le 8e, 35 m^3. Combien les ouvriers de cet entrepreneur ont-ils fait de mètres cubes de maçonnerie ensemble ?

9. — Une personne laisse à ses héritiers 4731 f. en argent ; une maison estimée 12879 f. ; un pré valant 3845 f. ; une terre labourable estimée 7422 f., et enfin un petit verger valant 2908 f. A combien se monte la valeur de l'héritage ?

10. — Un ouvrier agricole a gagné pendant un mois 49 f. ; pendant un autre, 44 f.; pendant un troisième, 51 f. ; pendant un quatrième, 46 f. ; pendant un cinquième, 42 f., et pendant un sixième, 34 f. Qu'a-t-il gagné pendant ces six mois ?

11. — Un marchand de bois a vendu 38 stères de bois de chêne à une personne; à une autre personne, 29 st. de bois de hêtre; à une troisième, 26 st. de bois de charme; à une quatrième, 32 st. de différentes sortes de bois, et enfin à une cinquième, 64 st. de bois de hêtre. Combien a-t-il vendu de stères de bois en tout?

12. — Un fermier possède une terre contenant 97 ares, une autre, contenant 75 a.; une troisième, 127 a.; une quatrième, 56 a.; un pré de 29 a.; un autre, de 47 a.; enfin, un 3e de 39 a. Combien ce fermier possède-t-il d'ares de terrain?

13. — Un ouvrier marbrier gagne 78 f. par mois; sa femme polit par mois 4 cheminées pour 31 f.; son fils aîné gagne 44 f. par mois, et son plus jeune, apprenti marbrier, gagne 18 f. par mois. Quel est le gain mensuel de cette famille?

14. — Un sabotier a livré pendant une semaine 52 paires de sabots; pendant une autre, 49; pendant une troisième, 50; pendant une quatrième, 48; pendant une cinquième, 54. Combien a-t-il livré de paires de sabots pendant ces cinq semaines?

15. — Un apiculteur a recueilli de 8 ruches, 65 Kg. de miel, de 7 autres ruches, 58 Kg.; de 9 autres ruches, 78 Kg.; et enfin des 12 ruches qui lui restent, 147 Kg. Combien avait-il de ruches, et quel est le poids du miel qu'il en a recueilli?

16. — Une ménagère achète 2 Kg. 750 de bœuf pour 4 f. 95; 1 Kg. 350 de mouton pour 2 f. 70; 3 Kg. 475 de veau pour 2 f. 75; et 2 Kg. 125 de lard frais pour 4 f. 25. Quel est le poids de la viande achetée par cette ménagère et qu'a-t-elle déboursé?

17. — Un maître briquetier a fourni à un propriétaire 18700 briques pour 224 f. 40; à un autre propriétaire, 27450 briques pour 329 f. 40; à un directeur d'usine, 187400 briques pour 2248 f. 80; et enfin à un entrepreneur, 257600 briques pour 3307 f. 20. Combien ce maître briquetier a-t-il fourni de briques en tout et pour quelle somme?

18. — Dans une famille, le père mange 625 grammes de pain par jour; la mère, 590 grammes; l'aîné des fils, 600 grammes; la fille, 585 grammes; et les deux autres fils, 950 grammes. Combien cette famille consomme-t-elle de grammes de pain par jour ?

19. — Une fermière a recueilli : le lundi, 57 œufs; le mardi, 64; le mercredi, 59; le jeudi, 75; le vendredi, 56; le samedi, 68 et le dimanche, 60. Dites le nombre d'œufs qu'elle a recueillis pendant cette semaine.

20. — Un boucher a vendu des peaux de bœufs pour 315 f.; des peaux de vaches pour 287 f. et des peaux de veaux pour 62 f. Combien doit-il recevoir ?

21. — Une ménagère a rapporté du marché un chou valant 0 f. 55; une botte de carottes de 0 f. 40; une botte de navets de 0 f. 15; des pommes de terre pour 0 f. 75; du beurre pour 1 f. 35; un fromage pour 0 f. 25; et elle a dépensé pour frais divers 0 f. 30. Combien a-t-elle déboursé en tout ?

22. — Un cantonnier a curé le lundi, 8 m. 50 de fossé; le mardi, 9 m.; le mercredi, 12 m.; le jeudi, 13 m. 75; le vendredi, 10 m. 45; le samedi, 7 m. Combien a-t-il curé de mètres de fossé pendant cette semaine ?

23. — Un brasseur a vendu 6 hectolitres 25 litres de bière à une personne; à une autre, 9 Hl. 75 l.; à une troisième, 12 Hl.; à une quatrième, 10 Hl. 50; à une cinquième, 14 Hl. 85; et à un ouvrier, 45 l. Dites le nombre d'hectolitres de bière que ce brasseur a vendus.

24. — Je dois à mon tailleur : confection d'un habit, 22 f. 50; d'un pantalon, 5 f. 25; d'un gilet, 3 f. 75. Quel est le montant de ma dette ?

25. — Un cultivateur estime ainsi ses propriétés : chevaux, 6278 f.; vaches, 3957 f.; porcs, 225 f. 95; volailles, 219 f. 75;

terres labourables, 45938 f.; prés, 6924 f.; une maison et ses dépendances, 14796 f.; il a en outre 2027 f. en espèces. A combien s'élève la fortune de ce fermier?

26. — Un maçon a fait pendant un mois, 43 mètres cubes de maçonnerie; pendant un autre mois, 42 m³; pendant un 3ᵉ mois, 40 m³; pendant un 4ᵉ mois, 47 m³; pendant un 5ᵉ mois, 46 m³; pendant un 6ᵉ mois, 51 m³; et enfin, pendant le 7ᵉ, 44 m³. Combien a-t-il fait de mètres cubes de maçonnerie pendant ces sept mois?

27. — Un marbrier a acheté un bloc de marbre blanc pour 1129 f. 55; un bloc de marbre Ste-Anne pour 436 f. 95 et un bloc de marbre rouge pour 463 f. 45; il a dépensé pour le transport 53 f. 65 et pour frais divers 9 f. 20. A combien lui reviennent ces blocs rentrés en chantier?

28. — Un tonnelier estime son bien comme il suit: cercles, 1049 f. 75; douves à façonner, 428 f. 35; douves façonnées, 167 f. 35; outils, 176 f. 85; atelier, 1827 f.; argent qu'il possède, 436 f. A combien s'élève son estimation?

29. — Un épicier a vendu 15 Kg. de savon, 8 Kg. de potasse, 37 Kg. 495 de café, 12 Kg. 750 de sucre blanc, 6 Kg. 785 de cassonade, 43 Kg. 950 de sel et 15 Kg. 290 de sucre candi. Combien a-t-il vendu de Kg. en tout?

30. — Un cultivateur a vendu 7 moutons: le 1ᵉʳ, pour 24 f. 85; le 2ᵉ, pour 21 f. 50; le 3ᵉ, pour 25 f. 15; le 4ᵉ, pour 28 f. 95; le 5ᵉ, pour 26 f. 30; le 6ᵉ, pour 23 f. 45 et le 7ᵉ, pour 22 f. 55. Quel est le montant de sa vente?

31. — Mon jardin contient 7 ares 25 centiares; celui de Louis, 6 a. 95 ca.; celui de Pierre, 9 a. 50 ca.; celui de Jacques, 10 a. 45 ca.; celui de Jean, 8 a. 55 ca.; et celui d'Auguste, 12 a. 10 ca. Quelle est la contenance totale de ces six jardins?

32. — Un fermier a acheté un cheval pour 425 f.; 2 vaches pour

575 f.; 2 porcs pour 65 f.; un poulain pour 295 f.; une génisse pour 150 f. Qu'a-t-il déboursé ?

33. — Dans une famille composée de 5 personnes, la 1re gagne 4 f. 25 par jour ; la 2e, 2 f. 35 ; la 3e, 3 f. 50 ; la 4e, 2 f. 75 ; et la 5e, 1 f. 25. Que gagnent ensemble ces cinq personnes pendant une journée ?

34. — Un ouvrier dépense par semaine pour sa nourriture 8 f. 95 ; pour son logement et son entretien, 4 f. 65 ; pour frais divers, 0 f. 55 et pour menus plaisirs 3 f. 25. Que dépense par semaine cet ouvrier ?

35. — Un ouvrier marbrier gagne 3 f. 25 par jour ; sa femme, 1 f. 95 ; son fils, 1 f. 60 et sa fille, 1 f. 05. Quel est le gain journalier de cette famille ?

36. — Un marchand de liqueurs a vendu 51 litres 9 décilitres de vin de Bordeaux pour 43 f. 75 ; 3 Hl. 27 l. de vin blanc pour 648 f. 25 ; 429 l. 05 c. d'eau-de-vie de Cognac pour 1097 f. 60 et enfin, 3 Hl. 8 Dl. de différentes liqueurs pour 421 f. 55. On demande : 1° combien ce marchand a vendu de litres de liqueurs ; 2° la somme qu'il devra recevoir ?

37. — Un cultivateur a acheté : 1° 39 a. 05 ca. de terre pour 3811 f. 45; 2° 1 Ha, 8 a. 15 ca. pour 12948 f. 75 ; un pré de 129 a. pour 25477 f. 15 ; un bois de 12 Ha. 18 a. 75 ca. pour 33785 f. 90. Dites la contenance totale de ces quatre terrains et la somme qu'a dû débourser le cultivateur.

38. — Un marchand d'étoffes en a vendu : le lundi, 15 mètres 75 centimètres pour 222 f. 05 ; le mardi, 9 Dm. 8 dm. pour 119 f. 65 ; le mercredi, 75 m. pour 298 f. 50 ; le jeudi, 21 m. 05 cm. pour 364 f. 95 ; le vendredi, 27 m. 15 cm. pour 215 f. 60 et le samedi, 3 Dm. 85 cm. pour 96 f. 45. Dites combien ce marchand a vendu de mètres d'étoffes pendant ces six jours, et la somme qui lui est due.

39. — Un marchand de rubans en a vendu 3 décamètres 7 décimètres pour 26 f. 40 ; 57 m. 5 cm. pour 61 f. 25 ; 548 dm. pour 44 f. 70 ; 75 m. pour 73 f. 55 ; et enfin, 1 Dm. 95 pour 17 f. Combien a-t-il vendu de mètres de rubans et quelle somme lui doit l'acheteur ?

40. — Un épicier a acheté 325 kilogrammes de café pour 629 f. 30 ; 1975 Hg. de savon pour 93 f. 25 ; 98750 gr. de potasse pour 17 f. 65 ; 495 kg. 75 dg. de sel pour 67 f. 40. Combien cet épicier a-t-il acheté de kilogrammes de marchandises et pour quelle somme ?

41. — Un marchand de bois en a vendu 7 stères 8 décistères pour 15 f. 95 ; 1 Dst. 5 dst. pour 23 f. 40 ; 139 décistères pour 29 f. 50 ; 64 st. pour 127 f. et enfin 1008 dst. pour 194 f. 55. On demande 1° le nombre de décistères de bois vendus par ce marchand ; 2° le prix total de la vente.

42. — Un terrassier établit son compte comme il suit : creusé 39 m³ 508 dm³ de fossé pour 18 f. 40 ; 17049 dm³ pour 9 f. 25 ; 21 m³ 095 dm³ pour 11 f. 75, et 3029 dm³ pour 2 f. 15. Combien a-t-il creusé de mètres cubes de fossé, et quelle somme a-t-il dû recevoir ?

43. — Un entrepreneur a fourni et posé le carrelage de cinq salles : la 1re, de 33 m² 25 dm², pour 94 f. 50 ; la 2e, de 47 m² 75 cm², pour 112 f. 30 ; la 3e, de 54 m² 29 dm² 64, pour 148 f. 45 ; la 4e, de 28 m² 47 cm², pour 65 f. 25 ; et la 5e, de 3642 dm² 94 cm², pour 131 f. 60. Combien cet entrepreneur a-t-il posé de mètres carrés de carrelage, et quelle somme lui doit-on pour ce travail ?

44. — Un marchand de grains a vendu 597 hectolitres 8 litres de blé pour 10940 f. 20 ; 1309 Dl. 6 dl, d'orge pour 1874 f. 55 ; 54008 l. 7 cl. d'avoine pour 913 f. 60. 1° Combien a-t-il vendu d'hectolitres de grains ? 2° Quelle somme lui doit l'acheteur ?

45. — J'ai acheté chez l'épicier : 1° 3 kg. 075 de savon pour

1 f. 75 ; 2° 1 kg. 250 de café pour 2 f. 40 ; 3° 750 gr. de sucre candi pour 0 f. 65 ; 4° 29 Hg. 8 gr. de sel pour 0 f. 25 ; 5° 953 gr. de sucre blanc pour 0 f. 70 ; 6°.enfin , 1025 gr. de cassonade pour 0 f. 55. Combien ai-je acheté de Kg. d'épicerie ? Qu'ai-je dû débourser pour payer ces marchandises ?

46. — Un marchand de charbon en a livré à une première personne , 78 Hl. pour 167 f. 70 ; à une autre personne , 47 Hl. pour 101 f. 05 ; à une troisième personne 36 Hl. pour 77 f. 40 ; à un maître de forge , 375 Hg. pour 806 f. 25 ; à un fabricant de sucre, 2468 Hl. pour 5306 f. 20 ; enfin , à un maréchal , 275 Hl. pour 591 f. 25. Combien le marchand a-t-il fourni d'hectolitres de charbon et quelle somme a-t-il à recevoir ?

47. — Un cantonnier a curé le lundi , 4 hectomètres 6 mètres de rigoles ; le mardi , 3 Hm. 2 Dm. ; le mercredi , 412 m. ; le jeudi , 5 Hm.; le vendredi , 4 Hm. 36 m.; et le samedi 28 Dm. Combien a-t-il curé de mètres pendant cette semaine ?

48. — Un caissier a reçu le lundi 4236 francs 75 centimes ; le mardi , 1876 f. 55 ; le mercredi , autant que le lundi et le mardi ; le jeudi , 475 f. 35 de plus que le mardi ; le vendredi , 1436 f. 35 ; et le samedi , 636 f. de plus que le jeudi. Quel est le montant total de sa recette de la semaine ?

49. — Une marchande de lait en vend dans une première maison 1 litre 8 décilitres ; dans une deuxième maison , 9 dl ; dans une troisième maison, 4 dl. de plus que dans la première, et enfin dans une quatrième maison , 6 dl. de plus que dans la deuxième ; il lui en reste encore 2 litres. Quelle est la quantité de lait qu'elle avait en sortant de sa laiterie ?

50. — Un charpentier a employé dans la charpente d'une maison les pièces suivantes, en chêne à vive arrête : deux fermes de 1684 décimètres cubes ; deux semelles de 97 dm^3 ; un cours de panneau de 720 dm^3 ; un faite de 167 dm^3 ; une sablière de 667 dm^3 ; une autre sablière de 584 dm^3. Combien a-t-il employé de mètres cubes de chêne en tout ?

17me LEÇON.

De la Soustraction.

136. **Définition.** — La *soustraction* est une opération par laquelle on retranche un nombre plus *faible* d'un plus *fort* de même espèce.

Le résultat de cette opération s'appelle *reste*, *excès* ou *différence*.

137. **Autre définition.** — La *soustraction* est une opération qui a pour but, étant donnés deux nombres de même espèce, de retrancher du plus grand des deux nombres donnés autant d'unités et de parties d'unités que le plus petit en contient.

Le résultat de cette opération s'appelle *reste*, *excès* ou *différence*.

138. La soustraction s'indique par le signe ——, qui s'énonce *moins*.

Soustraction des Nombres entiers.

139. **Règle générale.** — Pour faire la soustraction des nombres entiers, on commence par écrire le plus grand des deux nombres, et au-dessous, le second, en plaçant les unités sous les unités, etc., et l'on trace un trait horizontal sous le 2e nombre. Puis, commençant par la droite, on retranche les unités du plus petit nombre, des unités du plus grand, et on écrit la différence au-dessous.

Si le chiffre supérieur est plus petit que le chiffre inférieur, on emprunte une dizaine au chiffre supérieur suivant et on l'ajoute au chiffre sur lequel on opère, qui se trouve ainsi augmenté de dix unités de son ordre. On continue la soustraction jusqu'à ce qu'étant arrivé à la colonne suivante, à laquelle on a emprunté une dizaine de l'ordre précédent, on augmente d'une unité de son ordre le chiffre inférieur suivant. On achève ainsi l'opération jusqu'à ce que l'on ait retranché successivement chaque chiffre du nombre inférieur de son correspondant supérieur.

Si le chiffre supérieur et le chiffre inférieur sont égaux, on écrit 0 au résultat.

Soustraction des Nombres décimaux

140. **Règle.** — La soustraction des nombres décimaux se fait de la même manière que celle des nombres entiers; seulement, il faut avoir soin de placer la virgule, dans le résultat, au rang qu'elle occupe dans les nombres ; et, si l'un des deux nombres à soustraire renferme moins de chiffres décimaux que l'autre, on remplace par des zéros les chiffres manquant à ce même nombre.

141. **Preuve de la soustraction.** — Pour faire la preuve de la soustraction on additionne le plus petit nombre avec le reste ; et, si l'opération est bonne, on doit retrouver le plus grand nombre.

On fait encore la preuve de la soustraction en retranchant le reste, du plus grand nombre : si l'opération est bonne, on doit retrouver le plus petit nombre.

17e QUESTIONNAIRE.

136. Qu'est-ce que la soustraction ? — 137. Donnez l'autre définition de la soustraction ? — 138. Quel est le signe de la soustraction ? — 139. Comment se fait la soustraction des nombres entiers ? — 140. Comment se fait la soustraction des nombres décimaux ? — 141. Comment fait-on la preuve de la soustraction ? — Ne peut-on pas faire la preuve de la soustraction d'une autre manière ?

Exercices sur la Soustraction.

MÈTRES.	FRANCS.	LITRES.	GRAMMES.	STÈRES.
1.—78.	2.—48.	3.—51.	4.—26.	5.—38.
47.	35.	19.	24.	14.

MÈTRES CUBES.	MÈTRES CARRÉS.	MOUTONS.	ARBRES.
6.—54.	7.—89.	8.—79.	9.—24.
26.	78.	36.	19.

BOEUFS.	ARES.	KILOMÈTRES.	KILOGRAMMES.	HECTOMÈTRES.
10.—36.	11.—346.	12,—246.	13.—476.	14.—736.
20.	232.	120.	265.	348.

PLANCHES.	CARREAUX.	OEUFS.	CERCEAUX.	DOUVES.
15.—600.	16.—467.	17.—564.	18.—825.	19.—843.
421.	302.	328.	456.	236.

POUTRES.	FRANCS.	HABITANTS.	CHEVAUX.	SOLDATS.
20.—481.	21.—2847.	22.—7235.	23.—3836.	24.—4329.
204.	2435.	6427.	2346.	3943.

PRISONNIERS.	FRANÇAIS.	ANGLAIS.	MURIERS.	BRIQUES.
25.—5639.	26.—6440.	27.—7249.	28.—1786.	29.—9321.
4321.	4365.	4096.	437.	4393.

TUILES.	PAVÉS.	PIEUX.	CHEVILLES.	ÉCROUS.
30.—493.	31.—9363.	32.—9216.	33.—83945.	34.—76340.
439.	7634.	5207.	61838.	71934.

NÈGRES.	FRANCS.	LITRES.	KILOGRAMMES.
35.—32876.	36.—321,94.	37.—36,009.	38.—1,090
16493.	232,18.	19,807.	0,985.

HECTOLITRES.	STÈRES.	MÈTRES CUBES.	ARES.
39.—50,96.	40,—93,43.	41.—689,096.	42.—836,909.
16,94.	76,72.	473,476.	723,438.

MÈTRES.	HECTOLITRES.	LITRES.	GRAMMES.
43.—321,764.	44.—732,127.	45.—932,9.	46.—630,093.
213,856.	643,032.	38,7.	98,7864.

FRANCS.	MÈTRES.	HECTOGRAMMES.
47.—73,0765.	48.—376,0788.	49 —18709432,765.
0,39366.	8,56976.	83968 69876.

GRAMMES.
50.—7654329,86432.
4949761,979435.

51, — 84—36 cocons.
52. — 76—49 betteraves.
53. — 82—39 boutons.
54. — 79—83 coussinets.
55. — 83—46 lattes.
56. — 76—39 catéchismes.
57. — 21—18 carottes.
58. — 96—42 Mûriers.
59. — 72—31 ceps.
60. — 19—12 veaux.

61. — 193—126 chevillettes.
62. — 834—765 jours.
63. — 656—321 heures.
64. — 328—240 dalles.
65. — 456—178 noyers.
66. — 329—198 poules.
67. — 289—190 canards.
68. — 297—188 œufs.
69. — 4313—2423 pigeons.
70. — 3652—3463 arbres.
71. — 4313—1560 moutons.
72. — 9881—7670 abeilles.
73. — 1267— 912 noix.
74. — 2642—2328 cerisiers.
75. — 4356—3743 pommiers.
76. — 6247—4135 noyers.
77. — 3785—1245 plumes.
78. — 2743—2009 porte-plumes.
79. — 1945—1898 tables.
80. — 2009—1998 fenêtres.
81. — 809,45—780,39 francs.
82. — 614,25—371,97 hectolitres.
83. — 247,32—181,22 hectares.
84. — 364,73—322,68 centiares.
85. — 122,68—117,60 décamètres.
86. — 706,40—487,49 mètres.
87. — 321,56—201,28 stères.
88. — 132,736—128,945 grammes.
89. — 374,289—190,093 litres.
90. — 487,93—300,94 kilomètres.
91. — 728,234—362,709 ares.
92. — 376,635—85,275 kilogrammes.
93. — 272,337—193,8 mètres.
94. — 319,4—221,725 litres.
95. — 265,005—248,72 francs.
96. — 265,065—248,72 hectolitres.
97. — 893,9312—807,6145 francs.

98. — 9321,8746—3284,76 litres.
99. — 7605,794—832,9346 stères.
100. — 5719,96—3627,4839 grammes.

Problèmes sur la Soustraction.

51. — Louis a dans son porte-monnaie 5 francs ; il dépense 3 f. Que lui reste-t-il ?

52. — Eugène gagne 57 francs par mois et dépense 49 f. Quelle est son économie mensuelle ?

53. — J'avais 315 litres de grain ; j'en ai vendu 229 l. Que me reste-t-il ?

54. — Une pièce de drap contenait 51 mètres ; on en a pris 24 m. Combien en reste-t-il ?

55. — Un tonneau contenait 129 litres de bière ; on en a pris 76 l. Combien en reste-t-il ?

56. — Un de mes amis possède une propriété de 329 ares ; la mienne est de 253 a. De combien d'ares la propriété de mon ami excède-t-elle la mienne ?

57. — Il y avait dans un panier 117 pommes ; on en prend 98. Combien en reste-t-il ?

58. — Un pain de sucre pesait 14750 grammes ; on en a pris 3925 g. Quel est le poids du sucre restant ?

59. — J'avais acheté 129 décistères de bois ; j'en ai donné 74 ds. à une pauvre famille. Combien m'en reste-t-il ?

60. — On doit creuser un trou de 17845 dm^3; on a déjà creusé 8724 dm^3. Que reste-t-il à creuser ?

61. — Je devais 57 f. à mon tailleur ; je lui ai donné 29 f. en à-compte. Que lui dois-je encore ?

62. — Un maçon doit faire un mur de 51 mètres 25 centimètres de longueur; il en a déjà fait 24 m. 90. Quelle longueur de mur lui reste-t-il encore à faire?

63. — Un marbrier qui doit livrer des cheminées pour 6429 f. 85, en a déjà fourni pour 2394 f. Pour combien doit-il encore en livrer?

64. — Un ouvrier qui gagne 695 f. 30 par an, dépense annuellement tant pour sa nourriture que pour son entretien, 599 f. 95. Quelle somme peut-il placer chaque année à la caisse d'épargne?

65. — Une balle de farine pèse 148 kilogrammes 25; si l'on en prend 76 kg. 79. Combien en reste-t-il encore?

66. — Un marbrier a acheté à un marchand de marbre 79 m^2 224 dm^2 de marbre pour 1297 f. 65 c. Il lui a payé 824 f. 90 c. Que lui doit-il encore?

67. — Un vase peut contenir 312 l. d'eau; on y met 195 l. 50. Que reste-t-il encore à remplir?

68. — Un marbrier doit à un banquier 2936 f. 25 c.; il lui a donné en à-compte 1498 f. 85 c. Que lui doit-il encore?

69. — Un marchand de marbre avait 159 m^2 47 dm^2 de marbre blanc en magasin; il en a vendu 65 m^2 89 dm^2 26 cm^2. Que lui reste-t-il?

70. — Dans une année un fermier a récolté 49015 l. de blé; dans une autre, 538 Hl. 7 l. De combien de litres de blé sa récolte s'est-elle augmentée?

71. — Un marchand avait en magasin 397 S. 8 ds. de bois; il en a vendu 18 Ds 8 ds. Combien lui en reste-t-il?

72. — J'avais une pièce de 20 f.; j'ai dépensé 149 d. Combien me reste-t-il de centimes?

73. — Un domestique doit recevoir 425 f. 75 ; mais, ayant fait quelques dégâts, son maître lui retient 224 d. Combien l'ouvrier a-t-il encore à recevoir ?

74. — Une pièce de vin en contenait 228 l. ; on en a soutiré 18 Dl. 25 dl. Combien en reste-t-il ?

75. — Mon ami avait 29 f. 15 c. ; il a dépensé 187 d. Que lui reste-t-il encore ?

76. — Un marchand de drap a vendu 572 dm de drap noir pour 824 f. 30 c. ; 39 m. 50 de drap gris pour 421 f. 75, et enfin 1840 cm. de drap marron pour 297 f. Combien lui reste-t-il de mètre de drap, sachant qu'avant la vente, il en possédait 163 m. 10 cm. ? Quelle somme lui doit-on encore, sachant qu'on lui a donné 1049 f. 7 d. en à-compte ?

77. — Une pièce d'étoffe de 647 dm. coûte 203 f. 25 ; une autre pièce de la même étoffe de 4315 cm. vaut 128 f. 40. Si je les achète toutes les deux, combien aurai-je de mètres d'étoffe ? Que redevrai-je au marchand si je lui donne 224 f. 35 c. en à-compte ?

78. — Je devais à mon tailleur 43 f. 5 d. ; je lui ai donné en paiement : 1° 15 f. 30 c. en espèces ; 2° une barrique vide coûtant 11 f. 25 c. Que lui dois-je encore ?

79. — Un marbrier a vendu une cheminée pour 186 f., une autre pour 375 f., un fonts de baptême pour 278 f. et un carrelage pour 74 f. Quel est le montant de sa facture ? L'acheteur donne en paiement un billet de 1000 f., que doit lui rendre le marbrier ?

80. — Un brasseur doit à un tonnelier 348 f. 05 c. ; il lui donne en paiement un billet de 100 f., et une barrique de bière valant 19 f. 5 d. 1° Quelle somme le tonnelier a-t-il reçue ? 2° Que lui doit encore le brasseur ?

81. — On a trois vases : le 1er renferme 435 dl. d'eau ; le 2e 3 Dl et le 3e 2190 cl. De chacun de ces vases on ôte 15 l.

n demande : 1° ce qu'ils contenaient ensemble; 2° le nombre de litres d'eau restant encore dans chaque vase?

82. — Un marchand de bois en avait 795 Ds; il en a vendu 387 ds. pour 74 f. 20 c; 198 S. pour 325 f., et enfin 1 Ds 8 ds. pour 24 f. 95 c. On demande 1° combien il a vendu de stères de bois; 2° combien il lui en reste encore; 3° quelle somme lui devait l'acheteur; 4° combien celui-ci lui redoit, s'il lui a donné un billet de 100 f.?

83. — Un marchand avait une pièce de drap de 100 m., il en a vendu d'abord 35 m. 57 cm.; puis 2 Dm 3 dm, Combien lui en reste-t-il?

84. — Mon frère a gagné pendant une semaine 17 f. 50 c.; pendant une autre, 19 f. 55 c.; pendant une troisième, 18 f. 05 c.; pendant une quatrième, 15 f. On lui a donné en paiement 49 f. 85 c. Dites : 1° ce que mon frère a gagné pendant ces quatre semaines; 2° ce que lui redoit son maître.

85. — Un voyageur a 287 Km. de chemin à parcourir : le lundi, il a parcouru 525 Hm; le mardi, 5437 Dm.; le mercredi, 56 Km. 67 m.; le jeudi, 5406 Dm. et le vendredi 55027 m. Combien a-t-il parcouru d'hm. pendant ces cinq jours, et que lui reste-t-il encore à parcourir le samedi?

86. — Une barre de fer pèse 50208 g. On y a pris d'abord 7 Kg.; puis, 85 Hg.; ensuite, 923 Dg.; et enfin, 9015 g. Dites : 1° le nombre de Kg. de fer enlevés à la barre; 2° le poids du fer restant.

87. — Un mètre cube de maçonnerie coûte 14 f. 50. Le maçon y emploie pour 8 f. 20 c. de briques et pour 2 f. 65 c. de sable, de chaux, et les frais divers se montent à 0 f. 1 d. On demande 1° le prix de revient du mètre cube de maçonnerie; 2° le gain du maçon?

88. — Un tonnelier vend ses tonneaux 14 f. 95 c. l'un; chaque tonneau lui coûte 1 f. 55 c. de façon, 2 d. de menus frais; 6 f. 15 c. de bois et 0 f. 35 c. de cercles. Calculez : 1° le prix de revient d'un tonneau; 2° le gain du tonnelier sur chaque tonneau?

89. — Un lingot d'argent pèse 49 hg. 8 g.; on y coupe un morceau pesant 30 Dg.; un second, pesant 1 Kg.; un troisième, pesant 625 g., et un quatrième, pesant 1008 g. Quel poids du lingot a-t-on enlevé et quel est le poids de l'argent restant?

90. — J'avais 12 Dl. de haricots valant 40 f.; j'en ai vendu 63 l. pour 25 f. 40 c. Calculez : 1° le nombre de litres de haricots qui me reste; 2° le prix que je dois les vendre.

91. — Un vase a la capacité d'un litre. On y met d'abord 1 dl., puis 45 cl. et enfin 30 cl. de liquide. Quelle est la quantité de liquide versée dans ce vase et quelle capacité reste-t-il à remplir?

92. — Trois héritiers ont à se partager 68700 f.; le premier doit avoir 34800 f., le second 12850 f. Quelle sera la part du troisième?

93. — Sur une pièce de 5 f., un écolier a acheté pour 2 f. 50 c. de livres, pour 35 c. de plumes, pour 45 c. de papier et pour 15 c. d'encre. Combien doit-il rendre à ses parents?

94. — Un meunier a vendu 8 sacs de farine pour 365 f.; 15 autres sacs pour 692 f. 50 c.; 6 autres pour 30255 c.; et enfin 19 autres sacs pour 927 f. 5 d. On demande 1° le nombre de sacs de farine qu'a vendus ce meunier; 2° le nombre de sacs de farine qu'il lui reste à vendre, sachant qu'il en avait 67; 3° à quelle somme s'élève le montant de sa vente; 4° que lui redoit l'acheteur, si celui-ci a donné un billet de 1000 f. en a-compte.

95. — Un boulanger a vendu 149 pains pour 1538 d. ; 98 pains pour 9125 c. ; et enfin, 168 pains pour 182 f. On demande : 1° le nombre de pains qu'il a vendus et la somme qu'il devait recevoir ; 2° ce qu'on lui doit encore, si on ne lui a donné en paiement que 200 f. 05 c. ?

96. — En entrant en classe, un élève achète 3 cahiers pour 0 f. 55 c. ; des plumes pour 0 f. 15 c. ; un crayon et un porte-plume pour 0 f. 10 c. ; une règle pour 0 f. 10 c. ; une grammaire pour 0 f. 55 c.; un catéchisme pour 0 f. 50 c.; un livre de lecture pour 0 f. 85 c. Il paie tout cela avec une pièce de 5 f. Calculez à combien s'élève le montant de son achat, et dites la somme que son maître doit lui remettre.

97. — Un marchand a payé une facture de 275 f. avec deux billets, l'un de 75 f. 50 c., l'autre de 129 f. 65 c. et le reste en argent. On demande combien il a donné d'argent ?

98. — Un cochon a coûté 25 f. 50 c. ; il a consommé pour 8 f. 50 c. de son, 7 f. 95 c. de lait et 19 f. de pommes de terre. Que gagne-t-on en le revendant 118 f. 50 c. ?

99. — Un hectare de terre rapporte en moyenne 3500 Kg de paille estimés 1050 f. et 20 Hl. de blé estimés 365 f. Sachant que les frais de culture s'élèvent à 555 f. par Ha., on demande quel est le revenu net du cultivateur ?

100. — J'ai acheté 115 bouteilles de vin blanc pour 227 f. et 198 bouteilles de vin rouge pour 184 f. 50 c. J'ai donné en paiement un billet de banque de 100 f. et 500 d. en espèces. Que dois-je encore et combien ai-je de bouteilles de vin ?

18me LEÇON.

De la Multiplication.

142. **Définition.** — La *multiplication* est une opération par laquelle on répète un nombre appelé *multiplicande*, autant de fois qu'il y a d'unités dans un autre nombre appelé *multiplicateur*.

Le résultat de cette opération se nomme *produit*.

143. **Autre définition.** — La *multiplication* est une opération qui a pour but, étant donnés deux nombres, de former un troisième nombre qui soit composé avec l'un des deux nombres donnés, comme l'autre est composé avec l'unité.

Le résultat de cette opération se nomme *produit*.

144. Le *multiplicande* et le *multiplicateur* s'appellent les deux *facteurs* du produit.

145. La multiplication s'indique par ce signe $\times$, qui s'énonce *multiplié par*.

Multiplication des Nombres entiers

146. **Règle.** — Pour multiplier un nombre entier quelconque par un nombre d'un seul chiffre, on écrit le multiplicateur sous le multiplicande ; puis, commençant par la droite, on multiplie successivement chaque chiffre

du multiplicande, par le multiplicateur, en ayant soin d'ajouter à chaque produit la retenue provenant du produit précédent.

147. **Règle générale.** — Pour faire la multiplication de deux nombres entiers quelconques, on écrit le multiplicateur sous le multiplicande, en ayant soin de placer les unités sous les unités, etc. Puis, commençant par la droite, on multiplie successivement tous les chiffres du multiplicande par le chiffre des unités du multiplicateur, puis par celui des dizaines, par celui des centaines, etc. On obtient ainsi une série de produits partiels qu'on écrit les uns sous les autres, en ayant soin de placer le premier chiffre à droite de chacun d'eux au même rang que le chiffre du multiplicateur qui a servi à le former.

On fait la somme de ces produits partiels, et cette somme est le produit total, c'est-à-dire le produit des deux nombres donnés.

148. Lorsque le multiplicande et le multiplicateur sont terminés par des zéros, on n'en tient pas compte dans la multiplication, seulement, on place à la droite du produit, autant de zéros que le multiplicande et le multiplicateur en renferment.

149. Tous les produits d'un nombre d'un seul chiffre par un nombre d'un seul chiffre sont renfermés dans le tableau ci-après, appelé *table de multiplication.* Il est indispensable de connaître cette table par cœur pour pouvoir effectuer la multiplication.

Table de Multiplication.

1	2	3	4	5	6	7	8	9
2	4	6	8	10	12	14	16	18
3	6	9	12	15	18	21	24	27
4	8	12	16	20	24	28	32	36
5	10	15	20	25	30	35	40	45
6	12	18	24	30	36	42	48	54
7	14	21	28	35	42	49	56	63
8	16	24	32	40	48	56	64	72
9	18	27	36	45	54	63	72	81

Multiplication des Nombres décimaux.

150. **Règle.** — La multiplication des nombres décimaux, s'effectue comme celle des nombres entiers, sans avoir égard aux virgules; mais il faut séparer sur la droite du produit autant de chiffres décimaux qu'il y en a dans les deux facteurs réunis.

151. Si le nombre des chiffres du produit était moindre que celui des décimales à retrancher, on ajouterait à sa gauche assez de zéros pour que ce retranchement pût se faire.

Principe sur lequel est fondée la Preuve de la Multiplication.

152. On ne change pas la valeur d'un produit quand on intervertit l'ordre des facteurs de ce produit.

Preuve de la Multiplication.

153. Pour faire la preuve de la multiplication, il faut intervertir l'ordre des facteurs, c'est-à-dire prendre le multiplicande pour le multiplicateur et réciproquement ; puis recommencer l'opération, et, si le produit obtenu est le même que dans la première opération, il est probable que la multiplication est bonne.

18e QUESTIONNAIRE.

142. Qu'est-ce que la multiplication ? — 143. Donnez l'autre définition de la multiplication ? — 144. Que sont le multiplicande et le multiplicateur par rapport au produit ? — 145. Quel est le signe de la multiplication ? — 146. Comment se fait la multiplication d'un nombre entier quelconque par un nombre d'un seul chiffre ? — 147. Donnez la règle générale de la multiplication de deux nombres entiers quelconques ? — 148. Que fait-on lorsque le multiplicande et le multiplicateur sont terminés par des zéros ? — 149. Qu'appelle-t-on table de multiplication ? — 150. Comment fait-on la multiplication des nombres décimaux ? — 151. Que fait-on quand le produit ne renferme pas assez de chiffres pour qu'on puisse retrancher le nombre de décimales voulu ? — 152. Quel est le principe sur lequel repose la preuve de la multiplication ? — 153. Comment fait-on la preuve de la multiplication ?

Exercices sur la Multiplication.

MÈTRES.	FRANCS.	LITRES.	GRAMMES.	STÈRES.
1.—32.	2.—36.	3.—78.	4.—23.	5 —54.
×3.	×4.	×5.	×2.	×7.
MÈTRES.	PAVÉS.	RÈGLES.	CAHIERS.	LIVRES.
6.—321.	7.—436.	8.—237.	9.—536.	10 —3942.
×6.	×8.	×8.	×9.	×3.
CRAYONS.	CLOUS.	PLANCHES.	BOEUFS.	CHIENS.
11.—4536.	12.—3264.	13.—8745.	14.—72421.	15.—35605
×4.	×5.	×3.	×7.	×9.
KILOMÈTRES.	HECTOMÈTRES.	DÉCIMES.	LITRES.	HECTOLITRES.
16.—47256.	17.—14512.	18.—61247.	19.—312215.	20.—903215.
×4.	×7.	×5.	×6.	×7,
ARBRES.	FRANÇAIS.	STÈRES.	TUILES.	BRIQUES.
21.—43.	22.—33.	23.—64.	24.—26.	25.—54.
×36.	×62.	×85.	×37.	×76.
GERBES.	VACHES.	PAINS.	MOUTONS.	HECTOLITRES.
26.—39.	27.—96.	28.—31.	29.—34.	30.—36.
×17.	×53.	×72.	×28.	×37.
SOLDATS.	FAGOTS.	PERCHES.	ARBRES.	BISCUITS.
31.—141.	32.—783.	33.—726.	34 —849.	35.—635.
×245.	×506.	×543.	×262.	×612.
ORANGES.	POMMES.	BOURRÉES.	POIRES.	KILOGRAMMES.
36.—5376.	37.—1849.	38.—2745.	39.—25806.	40.—34512.
×724.	×4262.	×3075.	×8795.	×29745.

ARES.	LITRES.	FRANCS.	CENTIMES.	PLUMES.
41.—602. ×405.	42.—1280. ×360.	43.—720. ×2820.	44.—6520. ×4000.	45.—6400. ×600.
OEUFS.	**CERCEAUX.**	**POUTRES.**	**HABITANTS.**	**BILLES.**
46.—2700. ×604.	47.—32000. ×4080.	48.—8405. ×320.	49.—30056. ×3600.	50.—37605. ×208.

51.—8000×3160—
52.—7050×2450—
53.—80500×10—
54.—7056×150—
55.—90909×100—
56.—70000×207—
57.—2100×1000—
58.—36000×2560—
59.—5060×120000—
60.—98070×27060—
61.—3,65×675—
62.—23,58×45—
63 —13,26×36,4—
64.—27,80×32,8—
65.—65,76×46,70—
66.—71,05×47,85—
67.—31,25×2,485—
68.—1,465×3,78—
69.—75,60×28,36—
70.—3,75×375—
71.—0,75×36—
72.—26,30×42—
73.—0,365×32,5—
74.—82,56×8,78—
75.—0,065×2,376—
76 —4.95×0,825—
77.—0,35×0,759—
78.—0,405×0.0065—
79.—6,976×3,867—
80 —239,4×156,8—
81.—18,74×3,6—
82.—21,76×100—
83.—37,06×32,2—
84.—150,78×36—
85 —287,65×21,57—
86.—46,06×2,075—
87.—32,125×31,220—
88 —8,509×210—
89.—75,65×345—
90.—820×100—
91 —7160×205—
92.—8009×10000—
93.—726,009×100,50—
94.—352,798×0,007605—
95.—836,76×37,07—
96.—234009×27608—
97.—123,36×2360—
98.—34053×12976—
99.—27372×13,506—
100.—123,54×1009,808—

Problèmes sur la Multiplication.

101. — Un propriétaire retire chaque année 325 f. du loyer d'une de ses maisons. Quelle somme retirera-t-il en 7 ans ?

102. — Si un tonneau contient 158 litres d'eau, combien 9 tonneaux en contiennent-ils ensemble ?

103. — Dans une fabrique, où il y a 124 ouvriers, chaque ouvrier gagne 3 f. par jour. Quelle somme le patron doit-il débourser chaque jour pour payer ses ouvriers ?

104. — On a 8 caisses pesant chacune 147 Kg. Quel est le poids total des 8 caisses.

105. — Un homme possède un sac renfermant 958 pièces de 5 f. Quelle somme renferme ce sac ?

106. — En admettant qu'un stère de bois coûte 2 f. Quel est le prix de 35 stères ?

107. — Un meunier a vendu 379 sacs de farine à 48 f. l'un. Quelle somme a-t-il dû recevoir ?

108. — Un voyageur parcourt 46 Km. par jour. Combien parcourra-t-il de Km. en 294 jours ?

109. — Quel est le revenu annuel d'une propriété qui rapporte par mois 194 f. ?

110. — L'hectare de terre rendant en moyenne 19 hectolitres de blé valant 18 f. l'Hl., à quelle somme s'élève le produit total, en blé de 9 Ha. ?

111. — L'hectolitre de blé pesant en moyenne 76 Kg., et l'Ha. rendant 21 Hl., quel est le poids du blé produit par 27 Ha.?

112. — Un marchand d'étoffes a acheté 56 m. de drap à 14 f. le m.; 69 m. de velours à 5 f. le m. et 83 m. de mérinos à 3 f. le m. Combien a-t-il acheté de mètres d'étoffes et pour quelle somme ?

113. — Un marbrier a vendu à un entrepreneur 5 cheminées, marbre blanc, à 547 f. l'une ; 6 cheminées, marbre noir, à 298 f., et 4 cheminées, marbre rouge, à 249 f. Combien a-t-il vendu de cheminées et pour quelle somme ?

114. — L'entrepreneur lui a donné en paiement : 1° 3 billets de banque valant 375 f. chacun ; 2° 4 billets à ordre de chacun 548 f. ; 3° enfin, un bloc de marbre valant 1124 f. Quelle somme a-t-il payée et que lui doit-il encore ?

115. — J'ai acheté 3 l. 5 dl. de liqueur à 3 f. 45 le litre : qu'ai-je dû payer ?

116. — Combien coûte une barrique de vinaigre de 67 l. 65 cl., si le litre vaut 0 f. 45 ?

117. — Sachant qu'un mètre de ruban coûte 0 f. 85 c., déterminer le prix de 3 m. 5 dm. du même ruban.

118. — Un litre de cidre valant 0 f. 07 c., calculer le prix d'une pièce de cidre contenant 205 l.

119. — Un mètre d'étoffe coûte 18 f. 45 c. Quel est le prix de 340 m. 9 dm. de la même étoffe ?

120. — Un Kg. de sucre blanc coûte 1 f. 65 c. Quel est le prix d'un pain de sucre de 15 Kg. 85 Dg. ?

121. — Que doit recevoir, pour 25 jours de travail, un ouvrier qui gagne 3 f. 85 c. par jour ?

122. — Un ouvrier terrassier a creusé 548 m.^{3} 035 dm.^{3} 642 cm.^{3} de fossé à 0 f. 45 le m.^{3} Combien doit-il recevoir pour ce travail ?

123. — Un m.^{2} de pavé, tout posé, revient à 3 f. 45 c. Combien a coûté le pavage d'une salle ayant 27 m.^{2} 65 dm.^{2} ?

124. — Un marchand de bois a dans son magasin 4098 S. 6 ds. de bois ; s'il vend ce bois à 2 f. 05 c. le stère, quelle somme retirera-t-il de cette vente ?

125. — Un maçon a fait 397 m.³ 050 dm.³ 683 cm.³ de maçonnerie qu'on lui a payés à 11 f. 70 le m.³. Dites ce qu'il a dû recevoir.

126. — Un ouvrier dépose chaque mois 12 f. 75 c. à la caisse d'épargne. Quelle somme dépose-t-il par an ?

127. — Un ouvrier marbrier a taillé et posé 36 m. 75 cm. de plinthes à 0 f. 45 c. le mètre. Quelle somme a-t-il à recevoir ?

128. — On a 398 bouteilles renfermant chacune 95 cl. d'eau-de-vie de cognac. Combien a-t-on de litres de cette liqueur ?

129. — Un Hg. de café valant 0 f. 256, déterminer le prix d'une balle de café de 9358 Dg.

130. — On estime que le stère de bois vaut 1 f. 75 c.; d'après celà, dites le prix d'un tas de bois contenant 39 Ds. 8 ds.

131. — A combien s'élèvent les frais de culture d'un champ de 3 Ha. 918 ca., si, par are, on dépense 2 f. 30 c. ?

132. — Le m.³ de sable valant 1 f. 90 c. Combien coûte un tas de sable de 3763 dm.³ ?

133. — Quelle est la valeur d'un champ de 3 Ha. 7 a. 8 ca. à 165 f. 35 c. l'are ?

134. — Un cultivateur a vendu 36 Hl. de blé à 2 f. 25 c. le Dl. Quel est le produit de sa vente ?

135. — Un marchand de rubans a vendu 3 pièces de ruban vert contenant chacune 6 m. 45 cm. à 0 f. 75 c. le mètre. Que doit-il recevoir ?

136. — Un orfèvre a vendu 45 g. de filigrane d'or à 48 f. le Kg., 49 g. de bijoux en or faux à 79 f. 45 c. le Kg. et 39 g. de bijoux en or doublé à 175 f. le Kg. Quel est le montant de sa facture ?

137 — Un ouvrier, qui gagne 2 f. 85 c. par jour, travaille en moyenne 296 jours par an ; il dépense journellement pour sa nourriture et son entretien 1 f. 75 c. Quelle somme peut-il déposer chaque année à la caisse d'épargne ?

138. — Un ouvrier économe et laborieux qui gagne 5 f. 25 c. par jour, travaille 302 jours par an et dépense 2 f. 15 c. par jour pour sa nourriture et son entretien. Quelle somme lui reste-il au bout de chaque année ?

139. — Un ouvrier forgeron gagne 2 f. 75 c. par jour et travaille 25 jours par mois. Que gagne-t-il par an ?

140. — Un rubanier a vendu 595 dm. de ruban bleu à 5 f. 45 c. le m.; 75 m. de ruban vert à 0 f. 09 le dm.; 24 m. 75 cm. de ruban rose à 2 f. 05 c. le m. Quel est le montant de sa facture ?

141. — Un menuisier a livré 317 m. linéaires de tasseaux à 0 f. 57 c. le Dm.; 49 m. 75 cm. de rayons en bois blanc à 0 f. 32 c. le m.; 49 m. 50 cm. de moulures en chêne à 0 f. 17 c. le dm. Quel est le montant de sa facture ?

142. — Un ébéniste a fourni à un entrepreneur 725 m. 45 cm. de moulures ornées à 1 f. 75 c. le m.; il a reçu en à-compte une somme de 575 f. Qu'a-t-il encore à recevoir ?

143. — Une marchande d'oranges en a acheté 9 douzaines à 0 f. 35 c. la douzaine; elle les revend au détail a 0 f. 05 c. la pièce. Combien a-t-elle gagné sur cette vente ?

144. — Un ouvrier, qui gagne 5 f. 25 c. par jour, ne travaille que 279 jours par an; il dépense chaque jour, 2 f. 15 c. pour sa nourriture et son entretien; de plus, pendant chacun des 86 jours qu'il ne travaille pas, il dépense 2 f. 60 c. au cabaret; quel sera le montant de ses dettes ou de ses économies au bout de l'année ? En travaillant ainsi pendant 25 ans, quelle serait la situation pécuniaire de cet ouvrier ?

145. — Un marchand de toiles a acheté une pièce de toile de Hollande de 85 m. à raison de 2 f. 75 c. le m.; il revend le m. 5 f. 15 c. Quel est son bénéfice sur la pièce ?

146. — Un épicier a acheté 5 balles de café pesant net, chacune, 65 Kg., à 2 f. 75 c. le Kg.; il le revend au détail à raison de 2 f.

95 c. le Kg. Dites le prix d'achat, le prix de vente et le bénéfice réalisé.

147. — Un chapelier a acheté 17 douzaines de chapeaux à 29 f. 25 c. la douzaine ; il revend chaque chapeau 3 f. 35 c. Quel bénéfice réalise-t-il sur ce marché ?

148. — Un verrier a vendu 48 douzaines de verres à pied à 0 f. 15 c. l'un; 7 douzaines de verres communs à 0 f. 75 c. la douzaine; 18 douzaines de verres de lampes à 0 f. 17 c. la pièce; 9 carafes à 0 f. 75 c. l'une, et 9 huiliers jumeaux à 2 f. 25 c. l'un. Etablissez la facture.

149. — Un marchand de grain a acheté 24 sacs de blé contenant chacun 12 Dl. à 24 f. 80 c. l'Hl. Il donne en paiement un billet de banque de 1000 f.; quelle somme doit-on lui rendre ?

150. — Un vigneron a un foudre qui contient 27 Hl. de vin, il en tire 5 barriques de chacune 22 Dl. ; puis, 4 demi-feuillettes de chacune 112 l. Il vend le reste à raison de 45 f. l'Hect. Que doit-il recevoir ?

19me LEÇON.

De la Division.

154. **Définition.** — La *division* est une opération par laquelle on cherche combien de fois un nombre donné, appelé *dividende,* en contient un autre aussi donné, appelé *diviseur*.

Le résultat de la division s'appelle *quotient*.

155. **Autre définition.** — La *division* est une opération par laquelle étant donnés un *produit* de deux facteurs et l'*un de ces facteurs*, on trouve l'*autre facteur*.

Le résultat de cette opération s'appelle *quotient.*

156. La division s'indique par ce signe :, qui s'énonce *divisé par*, et qu'on place entre les deux nombres à diviser. Elle s'indique encore par un trait horizontal qu'on place entre les deux nombres à diviser, et qui s'énonce de la même manière.

Division des Nombres entiers.

157. **Règle.** — Pour diviser un nombre entier quelconque par un nombre d'un seul chiffre, on écrit le dividende à la gauche du diviseur et on les sépare par un trait vertical, puis on tire sous le diviseur un trait horizontal au-dessous duquel on écrit le quotient. On cherche ensuite combien de fois le diviseur est contenu dans le premier chiffre à gauche du dividende, ou, dans le cas de l'impossibilité, dans le nombre formé par les deux premiers chiffres. Ce premier chiffre du dividende ou le nombre formé par les deux premiers chiffres est le premier dividende partiel, à droite duquel on met un point, et le nombre de fois trouvé est le premier chiffre du quotient, qu'on écrit à la place indiquée.

On multiplie le diviseur par ce chiffre ; on écrit le produit sous le premier dividende partiel dont on le retranche. A la droite du reste on écrit le chiffre du dividende total qui suit immédiatement le premier dividende partiel ; le nombre ainsi formé est le deuxième dividende partiel. (Dans la pratique, on dit qu'on abaisse le chiffre du dividende total qui suit immédiatement le dividende partiel.) On opère sur ce deuxième dividende partiel comme sur le premier et on obtient le deuxième chiffre du quotient, qu'on écrit à la droite du premier, et sur lequel on opère comme précédemment. On continue ainsi jusqu'à ce qu'on ait épuisé tous les chiffres du dividende total.

158. **Règle générale.** — Pour diviser un nombre entier quelconque par un autre nombre entier quelconque, on dispose les deux nombres comme il est dit dans la règle précédente. Cela fait, on prend sur la gauche du dividende autant de chiffres qu'il est nécsssaire pour contenir le diviseur : cette partie du dividende forme le premier dividende partiel, à droite duquel on met un point. Alors on cherche combien de fois le premier chiffre à gauche du diviseur est contenu dans le premier chiffre à gauche du dividende partiel ou dans les deux premiers, si le premier ne suffit pas. On écrit le quotient sous le diviseur. On multiplie successivement tous les chiffres du diviseur par ce quotient, et on porte à mesure les chiffres du produit sous les chiffres correspondants du premier dividende partiel. On fait la soustraction et, à droite du reste, on abaisse le chiffre suivant du dividende total ; ce qui forme le deuxième dividende partiel sur lequel on opère comme sur le précédent. On continue ainsi l'opération jusqu'à ce qu'on ait abaissé tous les chiffres du dividende total. Le nombre des chiffres du quotient est égal au nombre des dividendes partiels.

159. Lorsque la dernière soustraction laisse un reste, on le transformera d'abord en dixièmes en ajoutant un zéro à la droite, et l'on continuera la division en plaçant une virgule après le chiffre des unités du quotient, le nouveau chiffre du quotient ainsi obtenu représentera des dixièmes. Si la soustraction des dixièmes laissait un reste, on le réduirait en centièmes de la même manière, puis en millièmes, etc.

160. **Observations.** — 1° On reconnaît qu'un chiffre écrit au quotient est *trop fort* lorsque la soustraction ne peut pas s'effectuer : on diminue alors ce chiffre d'une unité de son ordre.

2° On reconnaît qu'un chiffre écrit au quotient est *trop faible*, quand, après la soustraction, le reste est plus grand que le diviseur ou lui est égal : on augmente alors ce chiffre d'une unité de son ordre.

3° Lorsqu'après avoir abaissé un chiffre à la droite d'un reste, le *dividende partiel* ainsi formé *est plus petit que le diviseur, on met un zéro au quotient*, et on abaisse le chiffre suivant du dividende total pour former un nouveau dividende partiel.

161. Si l'on multiplie ou si l'on divise le dividende et le diviseur par un même nombre, le quotient ne change pas de valeur.

Si le dividende et le diviseur sont terminés tous les deux par des zéros, on supprime sur la droite des deux nombres, autant de zéros qu'il y en a dans celui qui en contient le moins ; on procède ensuite à la division, comme il a été dit dans la règle générale.

Division des Nombres décimaux.

162. **1re Règle.** — Pour diviser un nombre décimal par un nombre entier, on opère comme si le dividende était un nombre entier ; seulement, quand on arrive à abaisser le premier chiffre décimal, on met la virgule au quotient, et on continue la division jusqu'à ce qu'on ait abaissé tous les chiffres décimaux du dividende total.

163. **2e Règle.** — Pour diviser un nombre entier par un nombre décimal, on écrit à la droite du dividende, qui est le nombre entier, autant de zéros qu'il y a de chiffres décimaux dans le diviseur ; on supprime alors la virgule du diviseur et on divise d'après la règle de la division des nombres entiers.

164. **3e Règle.** — Pour diviser un nombre décimal par un autre nombre décimal, on fait en sorte que le dividende et le diviseur aient le même nombre de chiffres décimaux : ce qu'on obtient en écrivant des zéros à la droite de celui qui en contient le moins ; on supprime alors les virgules du dividende et du diviseur et l'on opère comme si les nombres étaient entiers.

Preuve de la Division.

165. Pour faire la preuve de la division, on multiplie le diviseur par le quotient, et l'on ajoute au produit le

reste, s'il y en a un. Le nombre ainsi trouvé doit être égal au dividende.

On peut encore faire la preuve de la division en divisant le dividende par le quotient : on doit retrouver le diviseur.

19e QUESTIONNAIRE.

154. Qu'est-ce que la division ? — 155. Donnez l'autre définition de la division ? — 156. Quels sont les deux signes de la division ? — 157. Comment fait-on la division d'un nombre entier quelconque par un nombre d'un seul chiffre ? — 158. Donnez la règle générale de la division de deux nombres entiers quelconques ? — 159. Lorsque la dernière soustraction donne un reste, comment opère-t-on pour obtenir des décimales ? — 160. Quelles sont les trois observations qu'il faut faire sur la division ? — 161. Que fait-on lorsque le dividende et le diviseur sont terminés par des zéros ? — 162. Comment fait-on la division d'un nombre décimal par un nombre entier ? — 163. Comment fait-on la division d'un nombre entier par un nombre décimal ? — 164. Comment fait-on la division d'un nombre décimal par un autre nombre décimal ? — 165. Comment fait-on la preuve de la division ?

Exercices sur la Division.

FRANCS : PERSONNES

1.—612 : 2 —
2.—519 : 3 —
3.—450 : 5 —
4.—624 : 4 —
5.—4128 : 8 —
6.—2706 : 6 —
7.—5626 : 7 —
8.—32000 : 7 —
9.—40185 : 6 —
10.—34720 : 2 —

MÈTRES : PERSONNES

11.—46752 : 6 —
12.—72495 : 45 —
13.—810360 : 72 —
14.—624150 : 25 —
15.—21360 : 15 —
16.—32016 : 12 —

17.—172404 : 9 —
18.—70244 : 4 —
19.—61320 : 5 —
20.—23407 : 9 —

BILLES : ENFANTS

21.—261324 : 612 —
22.—472706 : 408 —
23.—2940000 : 625 —
24.—106575 : 435 —
25.—810216 : 36 —
26.—142726 : 4705 —
27.—474046 : 842 —
28.—144905 : 42 —
29.—3704320 : 392 —
30.—1891045 : 3045 —

PERCHES : LOTS

31.—306423 : 875 —
32.—3488700 : 4812 —
33.—747568 : 5040 —
34.—2645 : 115 —
35.—1344 : 24 —
36.—1375 : 125 —
37.—272 : 17 —
38.—12384 : 144 —
39.—1875 : 145 —
40.—299000 : 650 —

KILOGRAMMES : PERSONNES

41.—6610450 : 850 —
42.—703440 : 720 —
43.—8464 : 1058 —
44.—4706420 : 71425 —
45.—47500 : 3850 —
46.—84750 : 7365 —
47.—15870000 : 4600 —
48.—16650000 : 4300 —
49.—2684366 : 32876 —
50.—12966675 : 30725 —

MÈTRES : ACHETEURS

51.—210 : 70 —
52.—320 : 80 —
53.—340 : 20 —
54.—5300 : 250 —
55.—8401 : 240 —
56.—9600 : 30 —
57.—78060 : 10 —
58.—32000 : 1000 —
59.—2750000 : 10000 —
60.—32920000 : 7200 —

FRANCS : MÈTRES

61.—32,75 : 3,25 —
62.—290,25 : 6,75 —
63.—236,50 : 3,85 —
64.—25,50 : 3,50 —
65.—2,768 : 3,64 —
66.—91 : 3,64 —
67.—648 : 10,8 —
68.—9950 : 55,9 —
69.—6035 : 90,85 —
70.—273,80 : 144 —

FRANCS : KILOGRAMMES

71.—1348,56 : 326,84 —
72.—6610,45 : 83,25 —
73.—4222,18 : 4,75 —
74.—57,3125 : 655,25 —

75.—198,070 : 36,25 —
76.—1579,05 : 63,80 —
77.—0,20785 : 8,75 —
78.—3292,64 : 72,566 —
79 —0,060875 : 2,435 —
80.—0,05625 : 0,125 —

FRANCS : LITRES

81 —0,361 : 2680 —
82.—69020 : 3625 —
83.—0,01 ; 0,40 —
84 —360,000 : 480 —
85.—527650 : 32,87 —
86.—287,36 : 134 —
87 —169,408 : 0,0378 —
88.—98,306 : 398 —
89.—16254 : 124 —
90 —28750 : 1000 —
91.—$\frac{\text{2375 FRANCS}}{\text{25 HECTOLITRES}}$ —

92.—$\frac{6824,72}{31,16}$ —
93.—$\frac{26115}{447}$ —
94.—$\frac{101,47}{23,76}$ —
95.—$\frac{287,275}{73,75}$ —
96.—$\frac{8267,46}{138,90}$ —
97.—$\frac{31515,86}{2524,38}$ —
98.—$\frac{240512017}{30022,416}$ —
99.—$\frac{30010690}{866009,765}$ —
100.—$\frac{1313714,725}{624,7129}$ —

Problèmes sur la Division.

151. — Un champ de 9 hectares a rendu 189 hectolitres de blé. Quel est le rendement d'un hectare ?

152. — 6 pièces de drap mesurent ensemble 138 m. Quelle est la longueur de chaque pièce ?

153. — En 8 mois un ouvrier a gagné 320 f. Que gagnait-il par mois ?

154. — Combien pourrait-on faire de portions de 17 a. dans un champ de 272 a.

155. — Deux frères ont à se partager un pré de 84 a. Quelle sera la part de chacun ?

156. — On a 98 m.³ de terre à transporter, et on se sert pour cela d'une voiture pouvant contenir 2 m.³ Combien fera-t-on de voyages ?

157. — Un ouvrier a 848 m. d'ouvrage à faire en 16 jours. Combien doit-il en faire par jour ?

158. — 9 pains de sucre pèsent ensemble 153 Kg. Quel est le poids de chacun d'eux ?

159. — Une cuve a une capacité de 480 Dl. Combien faudra-t-il de tonneaux de 15 Dl. pour la vider ?

160. — Les 24 fenêtres d'une maison coûtent, toutes posées, 768 f. A combien revient chaque fenêtre ?

161. — On a 26 barriques d'huile contenant ensemble 3120 l. Quelle est la capacité de chaque barrique ?

162. — Dans une usine, on consomme 544 Hl. de charbon en 32 jours. Dites la quantité de charbon consommée journellement dans cette usine.

163. — Un bûcheron a fendu 308 s. de bois en 108 jours. Combien en fendait-il par jour ?

164. — 59 m. 35 cm. d'étoffe coûtent 169 f. 15 c. Quel est le prix du m. de cette étoffe ?

165. — Un meunier a 79 sacs de farine pesant ensemble 6912 Kg. 5. Quel est le poids de chacun de ces sacs ?

166. — 154 f. 68 sont le prix de 93 Kg. 75 de sucre. Quel est le prix du Kg. ?

167. — 259 s. de bois ont été vendus 2321 f. 45. Quel était le prix du stère ?

168. — J'ai acheté 37 ds. de bois que j'ai payés 45 f. 95. Que me coûte le ds ?

169. — Quand le froment vaut 24 f. l'Hl., combien a-t-on d'Hl. pour 1128 f. ?

170. — Un pot de beurre est vendu 39 f. 25. Combien contient-il de Kg. de beurre à 2 f. 15 le Kg. ?

171. — Un mètre de drap coûte 14 f. 25, et on en a acheté pour 108 f. 45. Combien en a-t-on eu de mètres ?

172. — La récolte d'un champ est estimée 4895 f. et le produit net d'un Ha. est évalué à 1527 f. 35. Quelle est la surface de ce champ ?

173. — Dans une ferme, les moutons ont donné 484 Kg. 950 g. de laine pendant une année. Combien y a-t-il de moutons dans cette ferme sachant qu'un mouton donne en moyenne 305 Dg. de laine ?

174. — Combien de pièces de 0 f. 50 dans un sac renfermant 1157 f. 50 de ces pièces ?

175. — Une fermière porte au marché 6 Kg. 600 g. de beurre. Combien avait-elle de pièces ? On sait que chaque pièce pèse 55 Dg.

176. — Le vin de Bordeaux coûtant 0 f. 85 le litre, combien aura-t-on de litres de ce vin pour 149 f. 60 ?

177. — Une balle de café coûtant 220 f. 50, et le prix de 1 Kg. 5. étant 2 f. 35, quel est le poids de cette balle ?

178. — On a 114 Kg 25 de tabac. Combien fera-t-on de paquets de 125 g. avec ce tabac ?

179. — 39 Kg. de marchandise coûtent 87 f. 85 ; 274 Hg. d'une autre marchandise coûtent 259 f. ; 8005 g. d'une troisième espèce de marchandise coûtent 4 f. 55. Quel est le prix du Kg. de chacune de ces espèces de marchandises ?

180. — Le litre de vinaigre coûtant 0 f. 30, combien en aura-t-on de litres pour 37 f. 20 ?

181. — Un boulanger a acheté 375 s. de bois blanc pour 2250 f. A combien lui revient le stère ?

182. — Un marchand à 137 m. d'une étoffe qui lui coûtent ensemble 1061 f. 20 ; 1245 cm. d'une autre étoffe valant ensemble 179 f. 20 et enfin 168 m. 45 qui lui coûtent 1197 f. 50. Dites : 1° le nombre de mètres d'étoffes que possède ce marchand ; 2° le prix du metre de chacune de ces étoffes.

183. — Pour faire un m.³ de maçonnerie, il faut 559 briques. Combien y a-t-il de m.³ de maçonnerie dans une maison en briques pour la construction de laquelle on a employé 99502 briques ?

184. — Un ouvrier a reçu 228 f. pour 76 jours de travail. Que gagnait-il par jour ?

185. — Un ouvrier, qui gagne 3 f. par jour, a reçu 147 f. Combien a-t-il travaillé de jours ?

186. — Un Ha. de terre a coûté 4159 f. Combien aurait-on d'Ha. de cette terre pour la somme de 91611 f. ?

187. — Un ouvrier a reçu 76 f. 58 pour 26 jours de travail. Combien gagnait-il par jour ?

188. — J'achète 38 Kg. de café pour 92 f. 85. A combien me revient le Kg. ?

189. — On a reçu 83 f. 50 c. pour 30 journées de travail. Combien gagnait-on par jour ?

190. — Sachant qu'un are planté de betteraves rend en moyenne 475 Kg. de racines de cette plante, que 1 Kg. de betteraves donne en moyenne 515 dg. de sucre, calculez : 1° quelle est la contenance d'un champ qui a rendu 49815017 g. de racines de betteraves ; 2° le nombre de Kg. de sucre que l'on retirera de la récolte de ce champ ?

191. — Une locomotive parcourt 875 m. par minute. Combien mettra-t-elle d'heures pour faire le trajet de Maubeuge à Paris, si la distance par chemin de fer est de 240 Km. ?

192. — Un marchand de bestiaux a vendu 13 vaches pour 2600 f. ; 21 veaux pour 938 f. ; 15 génisses pour 1406 f. Quel est le prix de chaque animal ?

193. — Un maquignon a acheté 8 chevaux pour 3500 f. et 12 poulains pour 1300 f. On demande le prix de chaque animal ?

194. — Un meunier a livré à un journalier 4 balles de farine à 45 f. l'une. Ce dernier donne une somme de 103 f. 50 et le meunier lui fait faire des journées de travail pour le reste de sa dette. Combien devra-t-il travailler de journées estimées 2 f. 25 ?

195. — Un tailleur qui gagne 2 f. 75 par jour a reçu le prix de 25 journées de travail ; il emploie la somme reçue à l'acquisition d'un drap coûtant 15 f. le m. Combien en aura-t-il de mètres ?

196. — Un débitant achète un baril d'eau-de-vie contenant 16 litres pour 34 f. (droits compris). A combien revient le dl. ? Que doit-il le revendre pour gagner 8 f. sur le baril ?

197. — Un aubergiste fait venir un tonneau de vin de 228 l., qui lui coûte 136 f. 80, puis sur place, il paie de plus 11 f. 40 de transport et 34 f. 20 de droits. Combien doit-il vendre le litre pour gagner 34 f. 20 sur le tout ?

198. — Un sabotier a fourni à un épicier 137 paires de sabots coûtant ensemble 129 f. 80. L'épicier lui donne en paiement une pièce de 50 f. et un pain de sucre de 15 Kg valant 1 f. 40 le Kg. Quel est le prix moyen de la paire de sabots ? Combien le sabotier pourra-t-il prendre de Kg. de café à 2 f. le Kg, pour acquitter le reste de la dette de l'épicier ?

199. — Un boulanger a acheté 17 s. 5 de bois à 1 f. 50 le s. Combien doit-il donner de pains de 2 Kg. 5 pour s'acquitter de sa dette, le Kg. valant 0 f. 385 ?

200. — Un père de famille gagne 3 f. 50 par jour ; il veut économiser 250 f. par an ; il se repose les dimanches et 8 jours de fêtes. Combien peut-il dépenser par jour ?

FIN DE LA DEUXIÈME PARTIE.

MAUBEUGE, IMP. BEUGNIES.

Problèmes de Récapitulation sur les quatre Opérations et le Système métrique.

201. — On a 2 tas de bois ; le 1er renferme 75 ds. et le 2e 18 stères. Si l'on prend 5 stères au 1er tas et 59 ds. au second, que restera-t-il à chacun et en tout ?

202. — Un courrier a 25 Mm. à parcourir en 4 jours ; le 1er jour, il parcourt 7 Mm. 70 m., le 2e jour, 6 Mm. 4 Dm. et le 3e jour, 6 Mm. 1 Dm. 5 m. : quelle distance lui reste-t-il à parcourir ?

203. — Une voiture peut transporter 8 quintaux métriques de pommes de terre ; combien faudra-t-il faire de voyages pour transporter un silo de 28800 Kg. ?

204. — Un jardinier veut faire dans un jardin des planches qui aient chacune 9 m^2 50 dm^2 ; combien fera-t-il de planches dans un jardin de 6 ares 84 ca., et quelle somme recevra-t-il, s'il demande 0 f. 75 par planche ?

205. — Le Kg. de pain valant 0 f. 25, on demande la somme nécessaire pour payer 29 pains pesant chacun 257 Dg., et ce que l'on redevra au boulanger, si on ne lui paie que 12 f. ?

206. — Ma mère doit à son cordonnier 15 f. 20 ; à son boucher, 24 f. 65 ; à son boulanger, 47 f., et à son épicier, 21 f. 65. 1° Quelle somme doit-elle en tout ? 2° Après avoir payé le boulanger et le boucher, quelle somme lui faut-il encore pour acquitter les 2 autres dettes ?

207. — Combien faudra-t-il de pièces de 20 f. pour payer 50 balles de café de chacune 71 Kg. au prix moyen de 2 f. 40 le Kg. ?

208. — On a 3 pièces de ruban d'égale longueur contenant ensemble 375 dm. : combien chaque pièce renferme-t-elle de mètres, et que reste-t-il de chacune d'elles, si on enlève à la 1re 950 cm., à la 2e 6 m., et à la 3e 47 dm. ?

209. — Sachant qu'un mètre de ruban coûte 0 f. 85, dire : 1° le prix total de 7 pièces de ruban contenant chacune 25 m. 95 cm. ; 2° combien on aura de mètres de ce même ruban pour 5 f. 10 ?

210. — Un marbrier a acheté 148 m² de tranches de marbre à 12 f. 75 le mètre ; il donne en paiement 24 cheminées à 65 f. : combien doit-il encore ?

211. — Un ouvrier demande : 1° ce qu'il gagne par jour, sachant qu'ayant travaillé 25 jours, il a reçu 67 f. 25 ; 2° la somme qu'il dépense journellement si, pendant ces 25 jours, il a dépensé 57 f. 40 ; 3° son économie journalière.

212. — Un chef d'atelier qui a 23 ouvriers, a donné aux 12 premiers 227 f. 60 pour une semaine de travail : que gagnait chacun de ces ouvriers par semaine et par jour ? Quelle somme déboursera-t-il par semaine pour payer les autres, si chacun d'eux gagne 2 f. 75 par jour ?

213. — Un champ de 147 ares a produit 28 Hl. 45 de froment ; un autre champ en a rapporté 530 Dl. avec une surface de 27008 m², et un troisième, de 9 Ha., en a rapporté 18645 litres. Dire : 1° le produit par are de chacun de ces champs ; 2° la contenance totale des 3 champs ; 3° ce qu'ils ont rapporté ensemble en Dl. de blé.

214. — Un cantonnier qui a 9 Km. 7 m. de rigoles à creuser, en a creusé d'abord 2042 m., puis 2 Hm., ensuite 2 Km. 3 Dm., et enfin 74 Dm. : combien lui en reste-t-il de mètres à creuser ? On lui a payé ce qu'il a fait à raison de 0 f. 75 l'Hm. : quelle somme a-t-il reçue ?

215. — Un négociant a vendu 27 m. 15 cm. de drap pour 387 f. 20 ; 48 m. d'un autre drap à 16 f. le m.; 594 dm. d'une 3e espèce de drap pour 875 f. 55, et enfin 12 m. 05 d'un 4e drap à 14 f. 05 le m. On demande : 1° le nombre de mètres de drap qu'il a vendu ; 2° la somme qui lui est due ; 3° le prix du mètre du 1er et du 3e drap.

216. — Le même marchand a reçu en paiement 105 l. de vin de Bordeaux à 87 f. 25 l'Hl. ; 2 Dl. d'eau-de-vie pour 31 f. 70 ; et enfin, 3 Hl. de vin blanc à 1 f. 85 le litre. Il a en outre reçu en espèces 249 f. 50 c. et un billet de banque de 1000 f. On demande : 1° le nombre de Dl. de liqueur que le négociant a reçus ; 2° la somme totale qu'on lui a donné en paiement ; 3° ce qu'on lui redoit.

217. — Un marchand d'étoffes en possède 58 m. à 13 f. 20 le mètre ; 40 m. 85 à 8 f. 05 le mètre, et 2459 dm. à 11 f. 20 le mètre : quel est le prix total de toutes ces étoffes et combien faut-il les vendre pour gagner 200 f. sur le tout ?

218. — Un épicier a acheté 14 pains de sucre pesant chacun 144 Hg. 6. Il a payé ce sucre 1 f. 35 c. le Kg. : quel est le poids total des pains de sucre ? Quelle somme a dû débourser l'épicier et qu'a-t-il gagné en revendant le tout pour 347 f. 25 ?

219. — On doit creuser un fossé de 570 m. En 3 jours, on a creusé 294 m. Que reste-t-il à creuser en tout et par jour, si l'on emploie encore 3 jours ?

220. — 15 ouvriers qui ont travaillé pendant 28 jours ont reçu ensemble 1475 f. : quel était le salaire journalier de chaque ouvrier ?

221. — J'ai reçu une caisse de marchandises pesant 2500 Dg.; chaque Hg. me coûte 0 f. 45 d'achat et 0 f. 025 de transport et de frais divers : à quel prix me reviennent le Kg. et la caisse de marchandises ?

BIBLIOTHÈQUE NATIONALE R.F. IMPRIMÉS

222. — Un ouvrier agricole a reçu 50 f. 40 pour 24 jours de travail : 1° que gagnait-il par jour ? 2° Combien aurait-il pu acheter d'Hl. de blé valant 22 f. 50 avec l'argent qu'il a reçu ?

223. — Le Kg. de bœuf valant 1 f. 50 ; combien aura-t-on d'Hg. de cette viande avec 5 pièces de 5 f. et 20 pièces de 10 c. ?

224. — Un libraire a vendu 59 volumes pour 239 f. 90. Chaque volume lui coûte 3 f. 20 d'achat et il a payé pour le transport total 4 f. 95. On demande : 1° le prix de vente de chaque volume ; 2° le prix d'achat de tous les volumes, y compris le transport ; 3° le bénéfice du libraire.

225. — Un écolier achète pour 0 f. 15 de bonbons par semaine ; combien pourrait-il acheter de plumes pendant une année s'il économisait son argent, la plume coûtant 0 f. 01 ?

226. — Un marchand achète 18 douzaines de verres en cristal pour 108 f. ; il en casse 8 dans le transport. Combien doit-il revendre chaque verre restant pour gagner 27 f. 20 sur le tout ?

227. — Un cordonnier a fourni à un fermier 3 paires de souliers à 16 f. 45 ; ce fermier lui donne un à-compte de 8 f. 40 et lui paie le reste avec du blé valant 17 f. 15 l'Hl. : quelle quantité de blé devra-t-il donner au cordonnier ?

228. — Dans un champ de 789 ares, on a récolté 1689 Dl. de blé estimé 18 f. 75 l'Hl. On veut savoir : 1° le rendement en Hl. par Ha. ; 2° la valeur totale de la récolte ; 3° la valeur par Ha.

229. — Un marchand de bois en a acheté 360 stères qu'il a payés 486 f. 25 ; puis 96 Ds. qui lui ont coûté 1 f. 75 le stère. Il veut savoir : 1° combien il a acheté de ds. de bois ; 2° à quelle somme s'élève le montant de son achat ; 3° le prix du stère de bois du 1er achat ; 4° ce qu'il a gagné, s'il a revendu le tout pour 2309 f. 25 ?

230. — Pour payer une dette de 986 f. 05, on a donné 96 pièces de 5 f. en argent. On demande : 1° quel est le montant de ce paiement ; 2° ce qu'on redoit encore ; 3° le nombre de pièces de 50 c. qu'il faudrait pour payer le reste de la dette ?

231. — Un marchand a acheté 8 douzaines de vases à 4 f. la douzaine; il en casse 6 dans le transport: que doit-il vendre chaque vase restant pour gagner 6 f. sur le prix d'achat?

232. — Un ouvrier terrassier a reçu 43 f. pour 94 m³ 58 dm³ de terrassement; pour un 2ᵉ terrassement de 148524 dm³, il a reçu 77 f., et pour un 3ᵉ terrassement de 37 m³ 93 dm³, il a reçu 16 f. 05. Calculez d'après celà: 1° le nombre de m³ de terre que cet ouvrier a creusés; 2° la somme qu'il a reçue pour ce travail; 3° le prix du m³ de terrassement dans les trois cas.

233. — Un œuf coûtant 0 f. 055, combien aura-t-on de douzaines d'œufs pour 3 f. 96, et quel sera le prix de la douzaine?

234. — Un marchand de liqueurs en a vendu 75 litres à 2 f. 10, et 9 Dl. à 0 f. 75 le litre. Que redoit-on au marchand si on lui a donné 7 pièces de 20 f. et 30 pièces de 50 c. en à-compte? Combien devra-t-on lui donner de pièces de 2 f. pour payer le reste?

235. — Un épicier a vendu à un boulanger 59 Kg. de café pour 106 f. 20; ce dernier lui a donné en paiement 28 Kg. de farine à 0 f. 045 l'hg. et 129 pièces de 10 c. Calculer: 1° le prix du Kg. de café; 2° la somme payée à l'épicier; 3° ce qu'on lui redoit encore.

236. — Un meunier a acheté 65 Hl. de grain pesant ensemble 4940 Kg. au prix moyen de 0 f. 25 le Kg. Il donne en paiement 27 balles de farine pesant chacune 98 Kg. 750 et valant ensemble 1122 f. Dire: 1° le poids du sac de grain; 2° la valeur totale de ce grain; 3° le poids total de la farine; 4° la valeur du Kg. de cette farine; 5° la somme que redoit le meunier.

237. — Un boulanger a acheté 29 balles de farine pesant chacune 120 Kg. au prix de 0 f. 37 le Kg.; il revend 9 balles à 48 f. 75 la balle, et le reste à 0 f. 39 le Kg.: quel bénéfice a-t-il réalisé?

238. — Un marchand de grains a vendu le blé qu'il avait, comme

il suit : 1° 57 Hl. à 17 f. 25 l'Hl. ; 2° 728 Dl. à 18 f. l'Hl. ; 3° 1708 litres à 16 f, 50 l'Hl. D'après cela, calculer : 1° le nombre d'Hl. de blé qu'il a vendus ; 2° la somme qui lui est due par l'acheteur.

239. — Un fermier a 12 chevaux qu'il fait ferrer. Chaque fer lui coûte 0 f, 31. Il paie le maréchal avec du blé. Combien devra-t-il lui en donner de litres à 0 f. 17 ?

240. — Un maçon a fait à un charcutier une porcherie dont la maçonnerie est évaluée à 4 m³ 695 dm³ ; pour chaque mètre cube, il lui est dû 11 f. 90. Le charcutier lui a donné en paiement un jambon du poids de 89 hg. pour 21 f. 36 , et 150 Dg. de saucisse à 0 f. 11 l'hg. Le maçon demande : 1° à quelle somme s'élève la construction de la porcherie ; 2° le prix du Kg. de jambon ; 3° ce que lui redoit encore le charcutier ?

241. — Un moissonneur a fauché un champ de blé pour lequel il doit recevoir 13 f, 65. Il est payé avec du blé valant 0 f. 18 le litre. On demande : 1° la contenance du champ , sachant que pour faucher un are , il reçoit 08 c. ; 2° le nombre de litres de blé qu'il aura.

242. — Un marbrier a vendu 9 cheminées à raison de 128 f. chacune ; chaque cheminée lui coûte 48 f. de marbre , 21 f. de façon , 15 f. de polissage , 6 f. 75 de frais divers et 6 f. 35 de transport. Quel est son bénéfice net sur cette vente ?

243. — Un boulanger a acheté 167 ds. de bois au prix de 13 f. 75 le Ds. Combien devra-t-il donner de pains de 250 Dg. pour acquitter sa dette , le Kg. de pain valant 0 f. 42 ?

244. — Un maquignon a vendu 27 chevaux au prix de 467 f. 25 l'un : quelle somme a-t-il dû recevoir ? Quelle somme a-t-il gagnée par cheval et en tout , si chaque animal lui a coûté 387 f. ?

245. — Un marbrier a acheté 48 m² de marbre en tranches pour 516 f. Il paie 45 f, 50 de droits d'entrée , 35 f. 35 de transport et 4 f. 50 de frais divers. A combien revient le m² de ces tranches, rendu en magasin ?

246. — Une modiste avait une pièce de ruban de 3 Dm. 6 m.; elle en a vendu d'abord 9 dm., puis 7 m. 5 cm., puis 19 m., enfin 45 cm.: quelle quantité de ruban lui reste-t-il ?

247. — Un marchand de liqueurs avait un baril de cognac contenant 2 Dl. 5 l.; il a vendu à une première personne 3 litres 5 dl.; à une 2e personne, 8 litres 5 cl.; à une 3e personne, 5 dl. 2 cl. et enfin, à une 4e personne, 3 litres 8 cl.; ce cognac vaut 3 f.75 le litre. Faites le compte de chaque acheteur. Dites ensuite combien il reste de litres dans le baril et quel est le prix de ce reste.

248. — Un marbrier emploie 15 ouvriers qui gagnent en moyenne chacun 2 f. 25 par jour et qui travaillent 25 jours par mois: quelle somme lui faut-il par mois pour payer ses ouvriers ?

249. — Une famille consomme 4 Kg. 500 g. de viande par semaine; quelle est sa consommation de viande par an ?

250. — Un litre d'eau salée pèse 1 Kg. 2 Dg.: combien pèse 1 m^3 d'eau salée ?

251. — Un dm^3 de chêne pèse 95 Dg.: quel est le poids d'un chêne dont le volume est de 3 m^3 ?

252. — Un jardinier a planté une double bordure de buis nain le long d'une allée de 4 Dm. de longueur: il demande 0 f. 07 du mètre linéaire. Que lui doit-on ?

253. — Une ménagère a acheté un coupon de toile de 7 m. 45 à raison de 2 f. 75 le mètre; elle en cède 2 m. 7 cm. à une voisine. On demande: 1° ce qu'a dû débourser la ménagère; 2° combien sa voisine lui a rendu ?

254. — On a payé 6372 f. pour 3 pièces de drap de chacune 118 m. de longueur: à combien revient le mètre ?

255. — Un dm^3 d'eau pesant 10 hg., quelle est en litres la capacité d'un réservoir en maçonnerie contenant 26250 Kg. d'eau ?

256. — Un négociant possède 14 pièces de vin contenant ensemble 319 Dl. 2 et valant 1 f. 45 le litre: quels sont la contenance et le prix de chaque pièce ?

257. — Combien a de chevaux un voiturier qui a donné 12 f. 80 pour le ferrage de son attelage, chaque fer coûtant 0 f. 40 ?

258. — Un boulanger a vendu 56 pains de 3000 g. pour 53 f. 80 : quel est le prix d'un pain et d'un Kg. de pain ?

259. — Quelle valeur en argent renferme un sac de monnaie pesant 2 Kg. 735 g. ?

260. — Un cordonnier a fait 28 paires de souliers estimées ensemble 359 f. 50 : quel est le prix de vente de chaque paire de souliers, et connaissant ce prix, combien en aurait-on de paires pour 51 f. 36 ?

261. — Un menuisier a placé, à raison de 0 f. 75 le mètre linéaire :

1° Au salon, 7 Dm. 35 cm. de moulures ;
2° Au cabinet, 18 m. 9 cm. ;
3° A la chambre à coucher, 13 m. 4 dm. ;
4° A la bibliothèque, 7 m. 45 cm.

On demande combien il a posé de mètres de moulures et pour quelle somme ?

262. — Un ouvrier consomme par jour pour 0 f. 07 de tabac et 0 f. 25 d'eau-de-vie ; il veut renoncer à cette mauvaise habitude ; quelle économie réalisera-t-il par an ? Quelle économie réalisera-t-il au bout de 25 ans ?

263. — Le mètre cube d'un marbre coûtant 585 f., combien coûtera un bloc de 4 m³ 580, sachant qu'on paie 64 f. de transport, 19 f. 85 de droits d'entrée et 4 f. 25 de frais divers ?

264. — On a 5 tas de bois : le 1er de 35 ds. ; le 2e de 14 stères ; le 3e de 2 Ds. ; le 4e de 243 ds. et le 5e de 15 stères. Calculer : 1° le nombre total de stères de bois ; 2° le prix de chaque tas, le ds. valant 0 f. 35.

265. — Un marchand de fer en possède 3815 Kg. qu'il estime 0 f. 35 le Kg. ; 25 quintaux qu'il estime 5 décimes le Kg. et 18900 hg. qu'il estime 0 f. 75 le Kg. Quel est le prix total du fer que possède ce marchand ?

266. — Un garçon de banque porte l'argent monnayé suivant : 1° un sac renfermant 548 f. ; 2° un autre sac contenant 286 f. ; 3° un sac renfermant 737 f. Quelle est la charge de ce garçon ?

267. — Un marbrier a confectionné pendant un mois de travail 9 cheminées à 7 f. 50 l'une ; il a dépensé par jour 1 f. 75 pour sa nourriture et son entretien. Quelle somme a-t-il économisée pendant ce mois ? En continuant de travailler ainsi, quelle somme aurait-il économisée en un an ?

268. — Un ouvrier qui travaille à l'heure gagne 0 f. 35 par heure et travaille en moyenne 11 heures par jour ; il chôme par an 64 jours. Quel est son gain annuel ? Cet ouvrier dépense en moyenne par jour pour sa nourriture et son entretien 2 f. 65 : quelle somme peut-il économiser par an ?

269. — Un propriétaire a vendu sa récolte de noix à raison de 3 f. 50 par arbre ; il possède 7 rangées de chacune 14 noyers. Quel est son bénéfice, s'il a employé à cette récolte 14 journées d'hommes à 2 f. 25 et 14 journées d'enfants à raison de 0 f. 75 ?

270. — Une modiste possède 29 pièces de ruban ; 14 pièces contiennent chacune 3 Dm. 4 m., et les autres chacune 425 dm. Combien cette modiste possède-t-elle de mètres de ruban et quel est le prix de chaque mètre, si le tout a coûté 311 f. 78 ?

271. — Un cabaretier achète 3 tonneaux de bière de 150 litres chacun pour 67 f. 50 et revend le litre 2 décimes ; quel est, par litre, le bénéfice du cabaretier ?

272. — Un épicier a acheté une balle de café pesant 40 Kg. pour 74 f. ; il a payé en plus 9 f. 25 de frais de transport. Combien doit-il vendre le demi-Kg. pour gagner 12 f. 40 sur la balle ?

273. — Pour un Ha. de terrain, un cultivateur a dépensé 427 f. 20 ; pour un Ha. d'un autre terrain, il a dépensé 539 f. 50 et pour un Ha. d'un 3e champ, il a dépensé 529 f. Dites la dépense pour chaque are de terrain.

274. — Quelle est la valeur d'un sac d'argent contenant toutes les pièces des trois espèces de monnaie, et combien pourra-t-on, avec cette somme, acheter de litres d'eau-de-vie de cognac coûtant 2 f. 95 le litre ?

275. — Un marchand de toile en a vendu 94 m. pour 128 f., 87 m. à 1 f. 15 le mètre et 65 m. 45 pour 78 f. 30. Quelle est la somme totale qu'il a reçue et quelle est le prix du mètre de la 1re et de la 3e toile ?

276. — On a trois tas de sable : le 1er de 4570 dm^3 ; le 2e de 3947350 cm^3 et le 3e de 5 m^3. Quel est le prix du m^3 de sable, si on a payé en tout 69 f. 70 ?

277. — Dans une classe où il y a 9 tables, les élèves se sont cotisés et ont obtenu 72 décimes, plus 90 c. Combien y a-t-il d'élèves dans cette classe, et dans chaque table, chacun d'eux ayant mis en moyenne une pièce de 10 c. ?

278. — Combien y a-t-il de Kg. de savon dans une barrique pour laquelle on a payé 18 f. 50, la barrique vide valant 1 f. 25 et le Kg. de savon, 0 f. 55 ?

279. — Auguste avait 7 f. Il a donné 7 décimes à un pauvre et a acheté des plumes avec le reste. Combien avait-il de pièces de 50 c. avant de faire son œuvre de charité et combien a-t-il eu de plumes pour le reste, chaque plume coûtant 0 f. 0125 ?

280. — Combien obtiendra-t-on d'Hl. de charbon avec 689 stères de bois pesant en moyenne chacun 3000 hg., sachant qu'un Kg. de ce bois donne 210 g. de charbon et qu'un Hl. de charbon pèse 21 Kg. ?

281. — 12 maçons ont été employés à la construction d'un mur dont le volume est de 375 m^3 à raison de 3 f. 35 le m^3. Quelle somme revient-il à chacun d'eux ?

282. — Un marbrier a livré à un marchand de cheminées : 1° 6 cheminées à 98 f. ; 2° 7 autres cheminées à 298 f. ; 3° 9 cheminées à 276 f. Le marchand doit le payer en 6 paiements égaux : quel sera le montant de chaque paiement ?

283. — Combien faudrait-il de pièces de 50 f. en or pour faire équilibre à un lingot d'argent pur pesant 3 Kg. 2258 dg. et quelle serait la valeur de ces pièces en or?

284. — Un charpentier a fourni dans une entreprise 76 m³ de charpente en chêne à vive-arrête au prix de 83 f. le m³; combien paiera-t-il de journées d'ouvriers à 4 f. avec la somme qu'il doit recevoir?

285. — Un particulier a acheté 1200 dl de vin pour 160 f. Il met ce vin en bouteilles contenant chacune 80 cl., et coûtant 2 décimes la pièce. Dire : 1° le prix d'achat du litre de vin ; 2° le nombre de bouteilles employées ; 3° le prix de ces bouteilles?

286. — Quel est le nombre de fenêtres d'une maison, dont chacune a 8 carreaux valant 1 f. 25 pièce, sachant que le propriétaire a donné 300 f. au vitrier ?

287. — Combien pourrait-on avoir de paires de sabots coûtant en moyenne 0 f. 65 avec le prix de 91 litres de vinaigre valant 0 f. 35 le litre ?

288. — Sachant qu'un Kg. de farine donne 13 hg. de pain valant 0 f. 32 le Kg , combien un boulanger fera-t-il de pains de 3 Kg. avec 9230 Dg. 7 de farine et quelle somme recevra-t-il pour la livraison de ce pain ?

289. — Une compagnie de terrassiers composée de 15 hommes fait un terrassement à raison de 4 décimes par m³. Combien a-t-elle creusé de m³, sachant qu'elle a travaillé pendant 7 jours à 2 f. 10 par jour et par homme ?

290. — Un ouvrier a eu 145 Kg. de pommes de terre à 0 f. 165 le Kg. pour 9 jours de travail : que gagnait-il par jour ?

291. — On a 18 pièces d'étoffe qui contiennent ensemble 846 m. valant chacun 4 f. 75. Combien y a-t-il de mètres d'étoffe dans chaque pièce et quel est le prix de chacune d'elles ?

292. — Des maçons ont fait 39500 dm³ d'une maçonnerie pour

laquelle ils ont reçu 103 f. 20. Que coûte le m^3 de maçonnerie, et combien un ouvrier fait-il de dm^3 de maçonnerie par jour si, étant à 4, ils ont employé 5 jours pour faire cet ouvrage ?

293. — Quel est le prix de l'are d'un terrain pour le paiement duquel on a donné 20 sacs de farine de 100 Kg. à 0 f. 45 le Kg. si ce terrain contient 1470 m^2 ?

294. — Sachant qu'un mètre de toile coûte 1 f. 05, et qu'une pièce de cette toile contient 548 dm., on demande la valeur de la pièce et le prix que l'on doit vendre le mètre pour gagner 5 f. 15 sur le tout ?

295. — Sur un champ de 5 Ha. 8 ca., on a récolté 56 Hl. 49 l. de grain : quelle est, en Hl., la récolte moyenne d'un Ha., et quelle est la valeur totale de cette récolte, l'Hl. de blé valant 22 f 80 ?

296. — Que gagne par semaine de travail un ouvrier qui a reçu 66 f. pour 24 jours ?

297. — Combien fera-t-on de chemises avec une pièce de toile de 92 m. 8, s'il faut 29 dm. par chemise, et quelle somme recevra-t-on pour la vente de ces chemises, si chacune d'elles est vendue 6 f. 30 ?

298. — On veut entourer une pâture de 144 m. de long sur 45 m. de large avec une clôture en gros fil de fer ; il faudra un fort pieu tous les 9 mètres. Combien coûtera cette clôture, si chaque pieu vaut 0 f. 25 et si le mètre courant de fil de fer coûte 0 f. 07, sachant qu'il en faut 3 rangées ?

299. — Le m^3 de houille valant 19 f. 50, combien en aura-t-on d'Hl. pour 365 hg. de café à 2 f. 45 le Kg. ?

300. — Un marbrier a vendu 8 cheminées style Louis XIV à 140 f. Chacune de ces cheminées lui a coûté 53 f. de marbre, 26 f. de façon, 17 f. de polissage, 12 f. de frais divers et 7 f. de transport. Quel est son bénéfice net sur cette vente ?

301. — Un ouvrier marbrier confectionne par mois 3 cheminées à 25 f. 50 chacune ; il dépense par jour, pour sa nourriture et son entretien, 1 f. 85 ; et chaque dimanche, il ajoute à sa dépense

quotidienne 1 f. 65. Quelle somme peut-il déposer chaque année à la caisse d'épargne ?

302. — Un marchand a acheté au prix de 7 f. 20 l'une, 25 caisses de savon pesant brut chacune 12 Kg. ; le poids de chaque caisse vide est de 97 Dg. Combien doit-il revendre le Kg. de savon pour gagner 25 f. sur ce marché ?

303. — Un entrepreneur a acheté un terrain à bâtir de 13 ares 7 ca. de superficie à raison de 5 f. 30 l'are ; il paie en plus 80 f. de frais. Il revend ce terrain à 0 f. 75 le m², mais il est obligé, au préalable, d'en céder 86 m² pour l'élargissement d'un chemin à 0 f. 55 le m². Quel bénéfice a-t-il réalisé sur ce marché ?

304. — Une ménagère achète 147 g. de cannelle à 12 f. 75 le Kg.; 135 g. de poivre à 0 f. 75 l'hg. et 75 g. de champignons à 12 f 25 le Kg. Elle donne en paiement une pièce de 10 f. Que doit-on lui rendre ?

305. — Un marchand marbrier a vendu 9 cheminées à 248 f.; 16 autres à 325 f.; 18 autres à 195 f. et enfin 52 capucines à 36 f. On lui a donné en paiement un billet de 2000 f., un autre de 500 f. et un troisième de 1500. Combien a-t-il encore à recevoir ?

306. — Un journalier qui gagne 2 f. 25 par jour, a travaillé pour un cultivateur, d'abord 36 jours, ensuite 17 jours, et enfin 34 jours ; il a reçu 48 f. puis 39 f. ensuite 4 Hl. de pommes de terre, à 6 f. 75 l'Hl., 3 Hl. de blé à 18 f. 75, et 6 douzaines de fromages à 0 f. 15 pièce : quelle somme lui redoit le cultivateur ?

307. — Un marbrier pendulier a vendu 24 pendules à 58 f. pièce ; il a reçu sur cette vente un billet de 489 f. et un de 721 f. Il a alors livré 65 pendules à 18 f., et il a reçu un billet de 736 f. Combien a-t-il encore à recevoir ?

308. — Un tonneau de bière contenait 13 Dl. On en a pris d'abord 40 litres, ensuite 367 dl. puis 5 Dl., et enfin 12 litres. Que reste-t-il dans le tonneau ? Et quelle était la valeur de ce tonneau lorsqu'il était plein, si la bière valait 0 f. 17 le litre ?

309. — A combien revient le stère d'un tas de bois de 705 ds , si on a payé le tout avec 30 pièces de 20 f. , 9 pièces de 5 f. , 3 pièces de 2 f. , 18 pièces de 1 f. et 67 pièces de 0 f. 50 ?

310. — Un banquier possède un sac renfermant 59 pièces de 20 f., 87 de 5 f. , 54 de 10 f , 17 de 100 f. , et une valeur en pièces de 2 f. de 2634 f. Quelle somme possède ce banquier et quel est le nombre des pièces de 2 f. ?

311. — Un chapelier a vendu 53 casquettes pour 174 f. 2 , et 14 chapeaux à 9 f. 70 pièce. Quel est le prix de chaque casquette , et quelle est la somme reçue en tout par le chapelier ?

312. — Quelle somme recevra-t-on pour la vente de : 1° 17 douzaines d'œufs à 0 f. 055 pièce ; 2° 130 hg. de beurre à 24 décimes le Kg. ; 3° enfin , 18 fromages à 7 décimes pièce ?

313. — Un charcutier a acheté un porc pour 76 f. 50. Pour le payer, il vend 2 jambons pesant chacun 67 hg., au prix de 1 f. 95 le Kg. Combien devra-t-il vendre le Kg. de lard à 1 f. 55 le Kg. pour achever de payer le porc ?

314. — Un riche propriétaire laisse en mourant une valeur égale à 3300 pièces de 20 f. , 470 pièces de 50 f. , 158 pièces de 10 f. , et 720 pièces de 5 f. S'il a 9 héritiers , combien chacun d'eux aura-t-il , en supposant qu'il laisse 24830 f. aux pauvres et une dette de 6200 f. ?

315. — Un épicier a reçu une caisse de raisins secs pesant 7 Kg. 36 g. à raison de 2 f. 75 le Kg. ; mais la caisse vide pèse 1 Kg. 7 hg. On demande combien l'épicier devra vendre l'hg. de raisins pour gagner 4 f. 75 sur le tout , sachant qu'outre le prix d'achat , il a payé 1 f. 25 d'emballage et 1 f. 85 de transport ?

316. — Un sabotier a vendu 475 paires de sabots à 0 f. 35 la paire ; 245 paires à 0 f. 45 et 175 paires à 0 f. 55 : Quel est le montant de sa facture ? Avec la moitié de la somme qu'il a reçue , il a acheté 18 bouleaux : quel est le prix moyen de chaqe buouleau ?

317. — Un marchand de nouveautés achète une pièce de drap de 56 m. de longueur à raison de 15 f. 35 le mètre ; il paie en plus 7 f. 25 de transport et 0 f. 75 de commission. Combien doit-il revendre le mètre de ce drap pour gagner 45 f. sur la pièce, sachant qu'il perdra dans la vente au détail 0m75 pour forte mesure ?

318. — Avec une somme de 168 f. 45, on a acheté 9 chaises à 4 f. 95 pièce, et 12 autres à 5 f. 50 l'une. Combien aura-t-on de chaises valant 3 f. 85 avec ce qui reste de la somme ?

319. — Un épicier vend l'huile d'olive au prix de 2 f. 25 le Kg.; un autre vend cette huile à 2 f. 15 le l. Quel est celui qui vend à meilleur marché sachant que le litre d'huile d'olive pèse 915 g. ? Quelle économie réalisera par an une famille en achetant à meilleur marché, si elle consomme 875 g. d'huile par semaine ?

320. — Un tourneur en cuivre reçoit le prix de 3 douzaines de robinets qu'il a tournés à 0 f. 75 pièce ; sur cette somme, il paie 15 pains à 1 f. 15, 3 Kg. de beurre à 2 f. 45, et avec le reste il achète du velours à 6 f. 45 le m. Quelle longueur aura-t-il de cette étoffe ?

321. — Un ouvrier cordonnier qui reçoit 2 f. 35 par paire de souliers en a fait 4 douzaines. Avec l'argent qu'il a reçu de son patron, il paie un habit et un pantalon d'une valeur de 36 f. 75 ; il solde son boulanger à qui il devait 19 pains à 1 f. 25, et avec ce qui lui reste, il achète de la toile pour se faire des chemises à 1 f. 85 le m. : combien en aura-t-il de mètres ?

322. — Un débitant de boissons achète une pièce de vin de Bordeaux de 228 l. pour 175 f. Il la fait mettre en bouteilles contenant 0 l. 8 et valant 18 f. le 100 ; les bouchons lui coûtent 9 f le 1000 et il paie 0 f. 75 par 50 bouteilles pour le transvasement ; il se trouve 8 l. de lie au fond du fût. A combien lui revient la bouteille de vin ?

323. — Un fût plein d'huile d'olive pesant brut 235 Kg. a coûté

375 f. ; le fût seul pèse 28 Kg. Combien doit-on vendre le litre de cette huile pour gagner 60 f. sur le fût. (On sait que le poids du litre d'huile est de 915 g.)

324. — Un marchand de vin avait une pièce de vin contenant 375 l.; il en a tiré 2 Dl., puis 17 l. et enfin 1 Hl. 8 l. Il met le reste en bouteilles contenant chacune 0 l. 85. Combien lui faudra-t-il de bouteilles s'il y a 8 l. de lie au fond du tonneau ?

325. — Un épicier achète un cabas de figues pesant brut 9 Kg. et coûtant 6 f. 45 ; le cabas seul pèse 765 g. Combien l'épicier doit-il vendre le Kg. de figues pour gagner 1 f. 50 sur le cabas ?

326. — Un marchand de bois en achète 475 st. à 2 f. 85 le st.; il en revend 9 Ds. à 32 f. 25 le Ds.; puis 7 doubles st. à 7 f. 15 le double st., ensuite, 32 demi-Ds. à 18 f. 35; enfin il cède le reste à 3 f. 15 le st. On demande : 1° le prix d'achat de son lot de bois ; 2° le prix de vente ; 3° le bénéfice réalisé.

327. — Un ouvrier a un tas de sable d'un volume de 85 m³ à transporter ; il fait un voyage aller et retour tous les 5 minutes, et il transporte à chaque fois 0 m³ 65 dm³ ; ce sable pesant 1 Kg. 9 le dm³, on demande : 1° Combien cet ouvrier emploiera de journées de 12 heures de travail pour transporter tout le tas ; 2° le poids du tas ; 3° le poids transporté par jour.

328. — On sait qu'un m. de ruban coûte 0 f. 45 ; on demande : 1° le prix total de 8 pièces de ruban contenant chacune 36 m. 75; 2° combien on aura de m. de ce ruban pour 7 f. 65.

329. — On a acheté 48 m. 75 d'étoffe pour 292 f. 10 ; on veut gagner 24 f. 375 sur ce marché : combien doit-on vendre le m. ?

330. — Un œuf coûtant 0 f. 055, combien aura-t-on de douzaines d'œufs pour 16 f. 75 ?

331. — Un journalier qui gagne 2 f. 50 par jour a reçu le prix de 25 journées de travail ; il prélève sur cette somme le prix de 2 m. 75 de velours à 4 f. 75 le m., puis il paie une dette de 12 f. 85 ; avec ce qui lui reste, il achète de la farine à 0 f. 85 le Kg. Combien en aura-t-il de Kg. ?

332. — Un tailleur qui gagne 2 f. 75 par jour a reçu le prix de 25 journées de travail ; il emploie la somme reçue à l'acquisition d'un drap valant 15 f. le m. Combien en aura-t-il de mètres ?

333. — Un épicier achète une caisse de pruneaux pesant brut, 8 Kg., 725 g. pour 25 f.; la caisse vide pesant 645 g., combien doit-il revendre le demi-Kg. de pruneaux pour gagner 3 f., 75 sur la caisse ?

334. — Un marchand achète 35 m., 75 de drap à 12 f., 45 le m. ; il revend ce drap à 14 f., 35 le m. et avec l'argent qu'il reçoit, il achète du velours à 6 f., 25 le m. On demande : 1° le bénéfice qu'il a réalisé ; 2° combien il a reçu de m. de velours.

335. — Un marchand de nouveautés achète 36 m.,75 de drap a 14 f., 35 le m. ; il revend ce drap à 16 f., 15 le m. et avec le produit de cette vente il achète de la flanelle à 5 f. 75 le m., qu'il vend ensuite 6 f. 40. On demande le bénéfice qu'il a réalisé dans les deux affaires.

336. — Un journalier qui gagne 2 f. 75 par jour doit à son boulanger 14 pains à 1 f. 25, plus 16 pains à 1 f. 20 et enfin 19 pains à 1 f. 15 : combien doit-il travailler de jours pour payer cette dette ?

337. — Un épicier achète une caisse de savon pesant 28 Kg. à 0 f. 45 le Kg. ; 4 pains de sucre pesant chacun 7 Kg. 735 à 1 f. 45 le Kg.; une balle de café pesant 67 Kg. à 2 f. 45 le Kg. ; un cabas de figues pesant 7 Kg. 140 à 0 f. 65 le Kg. Il revend le Kg. de savon 0 f. 65 ; le Kg. de sucre, 1 f. 75 ; le Kg. de café, 2 f. 85, et les figues, 0 f. 80 le Kg. : établissez pour chaque article les prix d'achat et de vente et le bénéfice total de l'épicier.

338. — Un marchand achète 168 Kg. de laine filée à 5 f. 35 le Kg.; il revend cette laine au prix de 6 f. 15 et avec la somme qu'il retire de cette vente, il achète de la laine mérinos à 8 f. 45 le Kg. Combien en aura-t-il de Kg. ?

339. — Un meunier vend 27 balles de farine à 52 f. l'une ; avec l'argent qu'il reçoit, il achète du blé à 18 f. 50 l'Hl. Combien en aura-t-il d'Hl. ?

340. — Un ouvrier qui gagne 2 f. 75 par jour emploie le salaire de 9 journées de travail à acheter de la toile valant 1 f. 85 le mètre. Combien en aura-t-il de mètres ?

341. — Un ferblantier a vendu 3 douzaines d'entonnoirs à 0 f. 75 l'un, 9 seaux en fer blanc à 3 f. 45 pièce, 28 lampes à 2 f. 35, et 9 panniers à salade à 0 f. 85. Quel est le montant de sa facture ? Avec la somme qu'il reçoit, il achète du fil de fer à 2 f. 45 le Kg. : combien en aura-t-il de Kg. ?

342. — Un marchand achète 36 m. 45 de toile à 2 f. 15 le m.; il la revend 2 f, 35 le m. et, avec le produit de cette vente, il achète du calicot à 1 f. 25 le m. On demande : 1° le bénéfice du marchand ; 2° combien il aura de mètres de calicot?

343. — Dans une famille d'ouvriers laborieux, le père gagne 3 f. 25 par jour, le fils aîné, 2 f. 45, le fils cadet 1 f. 25, la mère, tout en faisant son ouvrage, gagne 5 f. 50 par semaine. Cette famille, qui vit très-sobrement, dépense par jour, pour sa nourriture et son entretien 5 f. 15, et par an 175 f. pour le logement. Quelle somme peut-elle chaque année déposer à la caisse d'épargne ? (On sait qu'il y a en moyenne 74 jours de chômage par an.)

344. — Un ouvrier gagne 2 f. 75 par jour et travaille 24 jours par mois ; il dépense journellement 1 f 85 pour sa nourriture et son entretien : que peut-il économiser par an ? Il veut, avec ses économies d'une année, acheter de la toile pour se faire des chemises ; cette toile valant 1 f. 85 : combien en aura-t-il de mètres ? Pour faire une chemise, il lui en faudra 2 m. 75 : combien aura-t-il de chemises et que lui coûtera chacune d'elles, si on lui demande 1 f. 75 de façon par chemise ?

345. — Pour une commande de 8 douzaines de képis, un chapelier a employé une pièce de drap de 17 m. 75 à 18 f. 35 le m.; la doublure, les galons et la visière lui reviennent à 0 f. 85 par képi ; 8 ouvriers ont travaillé à cette confection pendant 8 jours à raison de chacun 3 f. 75 par jour. Combien doit-il vendre chaque képi pour gagner 150 f. sur la commande ?

346. — Un marbrier emploie à la confection d'une cheminée 84 dm³ de marbre blanc, à 635 f. le m³ scié et débité, et 2 m² 15 d. de marbre en tranche à 17 f. le m². La confection de cette cheminée lui revient à 65 f., le polissage à 24 f., les frais d'atelier, de transport, etc., à 18 f. 35. On demande ; 1° à combien lui revient cette cheminée ; 2° quel prix il doit la vendre pour réaliser un bénéfice de 25 f. ?

347. — Un débitant de boissons achète un tonneau de bière blanche qui contient 80 doubles litres pour 21 f. Combien doit-il revendre le demi-litre pour gagner 16 f. sur le tonneau ?

348. — Un champ d'une superficie de 1 Ha. 45 a. a été divisé en deux parties égales ; l'une a été ensemencée de haricots nains qui ont produit 29 Hl. de haricots et 325 Kg. de fourrage à l'Ha.; l'autre partie, ensemencée de blé, a rapporté par Ha. 24 Hl. de grain et 3540 Kg. de paille. Les haricots valant 0 f. 25 le l., le blé, 4 f. 25 le double-Dl. et la paille et le fourrage 0 f. 028 le Kg. On demande : 1° le produit de chaque récolte ; 2° quelle est celle qui a rapporté le plus ; 3° le bénéfice que le cultivateur aurait réalisé en lui consacrant tout le champ.

349. — Un épicier a acheté : 1° 9 douzaines de sabots à 5 f. 50 la douzaine ; 2° 6 douzaines à 6 f. 40 ; 3° 4 douzaines à 7 f. 80 ; il vend les premiers 0 f. 40 la paire ; les seconds, 0 f. 70 et les autres 0 f. 80 la paire. On demande : 1° le prix d'achat ; 2° le prix de vente ; 3° le bénéfice réalisé par l'épicier.

350. — Un maraîcher a vendu à une marchande de légumes 47 douzaines de salades à 0 f. 35 la douzaine et 8 douzaines de pieds de céleri à 1 f. 25 la douzaine. La marchande a vendu sur le marché les salades à 0 f. 05 pièce et les pieds de céleri à 0 f. 35 ; quel a été son bénéfice, sachant qu'elle a dû payer 1 f. 10 de droits d'octroi et 0 f. 15 de droits place sur le marché ?

Appendice au Système métrique.

20me LEÇON.

165. HISTORIQUE. — Avant 1790, chaque province, chaque canton, chaque localité importante avait ses mesures particulières. On comprend la perturbation que devait jeter cet état de choses dans les échanges et les transactions commerciales.

Un décret de l'Assemblée nationale, du 8 mai 1790, confia à l'Académie des sciences la mission de remédier à cette confusion en créant un système de poids et mesures commun à toute la France. Cette assemblée convint qu'il fallait trouver pour base du nouveau système, une mesure *invariable*, *inaltérable*, *universelle :* ce fut à la terre qu'on demanda cette mesure. Deux savants géomètres, Méchain et Délambre furent chargés de mesurer l'arc du méridien de Paris, compris entre Dunkerque et Barcelone ; à l'aide de cette mesure, ils déterminèrent la longueur du pôle arctique à l'équateur, qu'ils trouvèrent de 5130740 toises, (mesure ancienne). Ils prirent la dix-millième partie de cette longueur pour former le **mètre,** qui devait être la base du nouveau système qui fut, pour cette raison, appelé **système métrique.**

166. Tous les multiples et les sous-multiples des unités métriques ne sont pas employés dans la pratique. D'un autre côté, pour plus de commodité, on emploie des mesures qui ne sont ni des multiples ni des sous-multiples décimaux.

167. Les mesures employées dans le calcul seulement sont appelées mesures *fictives* ou de *compte*.

168. Celles qui existent réellement et qu'on emploie dans la pratique se nomment mesures *effectives*.

169. Mesures effectives de longueur

Ces mesures sont :

1° **Le double-décamètre,** (valant 20 mètres);

2° **Le décamètre,** ou chaîne d'arpenteur;

3° **Le démi-décamètre,** ou 5 mètres;

4° **Le double-mètre,** ou 2 mètres;

5° **Le mètre;**

6° **Le demi-mètre,** ou 50 centimètres;

7° **Le double-décimètre,** ou 20 centimètres,

8° **Le décimètre,** ou 10 centimètres.

Ces deux dernières mesures sont souvent divisées en centimètres et millimètres.

170. *Le double-décamètre, le décamètre et le demi-décamètre sont formés de tiges de fer réunies par des anneaux soudés. Les mètres sont indiqués par des anneaux en cuivre.*

Les autres mesures sont faites en bois, en cuivre, en acier, etc., et dans la forme la plus commode aux usages auxquels elles sont destinées.

171. *Les mesures en ruban, étant susceptibles de s'allonger ou de se raccourcir, ne sont pas autorisées.*

20e QUESTIONNAIRE.

165. Faites l'historique de la formation du mètre ? — 166. Tous les multiples et sous-multiples des unités métriques sont-ils employés ? — 167. Comment appelle-t-on les mesures non usitées ? — 168. Celles qui sont employées dans la pratique ? — 169. Nommez les mesures effectives de longueur ? — 170. Quelles sont la forme et la matière de ces mesures ? — 171. Pourquoi les mesures en ruban ne sont-elles pas autorisées ?

21me LEÇON.

172. Il n'y a pas de mesures effectives de surface ni de volume.

Mesures effectives pour les Bois de chauffage.

173. Il y a trois mesures effectives pour les bois de chauffage.

174. 1° **Le demi-décastère,** 5 stères ;

2° **Le double-stère, 2** stères ;

3° **Le stère,** ou mètre cube.

175. Ces mesures sont des châssis en bois formés de 5 pièces : la *sole* ou base reposant à terre, les deux *montants* et deux *contre-fiches*, destinées à empêcher l'écartement des montants.

176. Les longueurs entre les montants sont fixées comme suit :

Demi-décastère, 5 mètres;

Double-stère, 2 mètres;

Stère, 1 mètre.

177. On comprend que la hauteur des montants varie selon la longueur des bûches.

178. Aujourd'hui dans beaucoup de localités, le bois se vend au poids.

21e QUESTIONNAIRE.

172. Y a-t-il des mesures effectives de surface et de volume? — 173. Combien y a-t-il de mesures effectives pour le bois de chauffage? — 174. Indiquez-les? — 175. Faites la description de ces mesures? — 176. Quelles longueurs doivent-elles avoir entre les montants? — 177. De quoi dépend la hauteur des montants? — 178. Vend-on toujours le bois au stère?

22me LEÇON.

Mesures effectives de capacité.

179. Les mesures effectives de capacité se divisent en quatre classes.

180. 1° Les mesures en étain, pour les vins, l'eau-de-vie, la bière, vendus au détail;

2° Les mesures en fer-blanc, pour le lait et l'huile;

3° Les mesures en cuivre, en tôle ou en fonte, pour les vins, l'eau-de-vie, la bière, etc., vendus en gros;

4° Les mesures en bois, pour les matières sèches. Toutes ces mesures ont la forme cylindrique.

181. **1° Série. — 8 Mesures en étain.**

La profondeur est double de la largeur.

DÉSIGNATION DES MESURES.	DIAMÈTRES INTÉRIEURS.
Double-litre	om,1084
Litre	om,0860
Demi-litre	om,0683
Double-décilitre	om,0503
Décilitre	om,0399
Demi-décilitre	om,0317
Double-centilitre	om,0234
Centilitre	om,0185

Ces mesures sont avec anses et avec ou sans couvercles.

182. **2e Série. — 6 Mesures en fer-blanc.**

La profondeur est égale à la largeur.

Les mesures pour le lait sont munies d'un crochet assez haut pour qu'on puisse plonger le vase dans le lait sans y tremper les doigts.

DÉSIGNATION DES MESURES.	DIAMÈTRES INTÉRIEURS.
Litre	om,1084
Demi-litre	om,0860
Double-décilitre	om,0634
Décilitre	om,0504
Demi-décilitre	om,0399
Double-centilitre	om,0295

183. **3e Série. — 6 Mesures en cuivre, en tôle ou en fonte.**

Leur hauteur est égale à leur largeur.

DÉSIGNATION DES MESURES.	DIAMÈTRES INTÉRIEURS.
Double-hectolitre	om,6339
Hectolitre	om,5031
Demi-hectolitre	om,3993
Double-décalitre	om,2942
Décalitre	om,2335
Demi-décalitre	om,1853

Les mesures en cuivre doivent être soigneusement étamées.

184. 4e Série. — 11 Mesures en bois.

Leur hauteur est égale à leur largeur.

DÉSIGNATION DES MESURES.	DIAMÈTRE INTÉRIEURS.
Hectolitre	om,5031
Demi-hectolitre	om,3993
Double-décalitre	om,2942
Décalitre	om,2335
Demi-décalitre	om,1853
Double-litre	om,1366
Litre	om,1084
Demi-litre	om,0860
Double-décilitre	om,0634
Décilitre	om,0503
Demi-décilitre	om,0399

Ces mesures sont en bois de chêne; elles sont garnies de cercles pour les consolider et en empêcher l'écartement, et leur partie supérieure est revêtue d'une bordure en tôle rabattue.

22e QUESTIONNAIRE.

179. En combien de classes se divisent les mesures de capacité ? — 180. Nommez-les ? — 181. Désignez les 8 mesures de la 1re série ? — 182. Celles de la 2e série ? — 183. Celles de la 3e série ? — 184. Celles de la 4e série ?

23me LEÇON.

Mesures effectives de poids.

185. Les mesures effectives de poids se divisent en trois séries : 1° les gros poids ; 2° les poids moyens ; 3° les petits poids.

186. *Les gros poids sont en fonte, leur forme est celle d'une pyramide tronquée, à base hexagonale pour les poids inférieurs à 20 kilogrammes et à base rectangulaire pour les autres poids. Ils sont munis d'un anneau qui permet de les manier avec plus de facilité.*

L'indication de leur valeur est inscrite sur la face supérieure.

Gros Poids.

187. Cette série comprend 10 poids, savoir :

NOMS DES POIDS.	ABRÉVIATIONS INSCRITES SUR LA FACE SUPÉRIEURE.
Cinquante kilogrammes	50 Kilog.
Vingt kilogrammes	20 Kilog.
Dix kilogrammes	10 Kilog.
Cinq kilogrammes	5 Kilog.
Deux kilogrammes	2 Kilog.
Un kilogramme	1 Kilog.
Un demi-hilogramme	1[2 Kilog. 5 Hectog.
Double-hectogramme	2 Hectog.
Hectogramme	1 Hectog.
Demi-hectogramme	1[2 Hectog.

Poids moyens.

188. *Les poids moyens sont en cuivre, leur forme est cylindrique et ils sont surmontés d'un bouton. La hauteur du cylindre est égale à son diamètre et son bouton en est la moitié. Dans les deux derniers poids, le diamètre est plus grand que la hauteur afin qu'on puisse y graver la valeur exprimée en grammes.*

Cette série comprend 10 poids, savoir :

Kilogramme	Double-décagramme
Demi-kilogramme	Décagramme
Double-hectogramme	Demi-décagramme
Hectogramme	Double-gramme
Demi-hectogramme	Gramme.

Petits Poids.

189. *Les petits poids sont composés de feuilles minces en cuivre ou en platine. L'indication de leur valeur est écrite en abrégé sur l'une des faces.*

Cette série comprend 9 poids, savoir :

Demi-gramme	Centigramme
Double-Décigramme	Demi-centigramme
Décigramme	Double-milligramme
Demi-décigramme	Milligramme
Double-centigramme	

190. *Il existe aussi des poids en cuivre à partir du kilogr., en forme de godets coniques, qui s'empilent les uns dans les autres, et se trouvent ainsi renfermés dans une boîte qui est elle-même un poids légal.*

Instruments de Pesage.

191. Les instruments de pesage sont les balauces et les bascules. Les premières sont employées pour des pesées peu considérables et les bascules pour des charges plus fortes.

23e QUESTIONNAIRE.

185. En combien de classes se divisent les mesures de poids ? — 186. Nommez-les ? — 187. Indiquez les poids composant la 1re série ? — 188. Ceux composant la 2e série ? — 189. Ceux composant la 3e série ? — 190. N'existe-t-il pas encore d'autres poids ? — 191. Quels sont les principaux instruments de pesage ?

24me LEÇON.

Mesures effectives de Monnaies.

192. Les mesures effectives de monnaie se divisent en trois clases ;

193. 1° Les monnaies d'or ;

2° Les monnaies d'argent ;

3° Les monnaies de bronze.

Tableau des Monnaies.

DÉSIGNATION & VALEUR des Pièces.	POIDS.	DIAMÈTRE OU MODULE.	DÉSIGNATION & VALEUR des Pièces.	POIDS.	DIAMÈTRE OU MODULE.
(194)	**1° Or.**	millim.	2 fr.	10 gr.	27
100 fr.	32 gr. 258	35	1	5	23
50	16,129	28	0,50	2,50	18
40 (1)	12,903	26	0,20	1	15
20	6,4516	21			
10	3,2258	19	(196)	**3° Bronze.**	
5	1,6129	17			
			0,10	10 gr.	30
			0,05	5	25
(195)	**2° Argent.**		0,02	2	20
5 fr.	25 gr.	37	0,01	1	15

(1) La pièce de 40 francs n'est plus frappée depuis 1840, mais elle n'a pas été retirée de la circulation.

197. **Valeur relative des Monnaies.** — A poids égal, la monnaie d'or a une valeur 15 fois et demie plus grande que la monnaie d'argent, et celle-ci une valeur 20 fois plus grande que la monnaie de bronze.

Ainsi 10 francs en monnaie d'**or** pèsent 3 gr. 2258
10 — — d'**argent** — 50 g.
10 — — de **bronze** — 1000 g.

198. **Monnaie en Papier.** — Pour faciliter les transactions commerciales, on se sert encore des *billets de banque*. Les billets en circulation actuellement sont ceux de *cinq francs*, *vingt francs*, *vingt-cinq francs*, *cinquante francs*, *cent francs*, *cinq cents francs* et *mille francs*.

24e QUESTIONNAIRE.

192. En combien de classes se divisent les mesures de monnaie? — 193. Nommez-les? — 194. Indiquez les pièces de la première classe avec leur poids et leur diamètre ? — 195. Celles de la 2e classe ? — 196 Celles de la 3e classe? — 197. N'existe-t-il pas une relation entre le poids et la valeur des monnaies? Indiquez-là. — Quelles sont les monnaies en papier ?

Problèmes sur les Mesures effectives du Système métrique.

351. — Un épicier dépose sur le plateau d'une balance une certaine quantité de cannelle à 0 f. 95 l'Hg. Comme il n'a pas de petits poids sous la main, il place dans le plateau opposé pour faire équilibre à la marchandise, une pièce de 5 f. en argent, une pièce de 10 f. en or, une pièce de 0 f. 50, une pièce de 5 c. et une pièce de 2 c. Que doit payer l'acheteur ?

352. Un marchand place dans le plateau d'une balance pour faire équilibre au poids d'une marchandise valant 0 f. 35 l'Hg., les pièces de monnaie suivantes : 9 pièces de 2 f., 3 pièces de 0 f. 50, 6 pièces de 1 f., 8 pièces de 0 f. 10, 4 pièces de 0 f. 05, 3 pièces de 0 f. 02 et 3 pièces de 0 f. 01. Que doit payer l'acheteur ?

353. — Pour remplir un tonneau de bière, on y a versé un Hl, puis un demi-Hl., ensuite un double-Dl. et enfin un demi-Dl. Cette bière valant 0 f. 15 le litre, combien doit-on payer le contenu du tonneau ?

354. Pour peser du calomel, un pharmacien place dans le plateau de sa balance un poids de 1 g., un poids de 5 dg. et un poids de un double-dg. ; il doit en faire 4 paquets. Quel sera le poids de chaque paquet ? Le gramme de ce calomel valant 0 f. 85, quel sera le prix de chacun de ces paquets ?

355. — Quelle serait la valeur de l'argent monnayé qui ferait équilibre au poids de l'eau contenue dans un demi litre ?

356. — On place dans le plateau d'une balance pour faire équilibre à du café à 3 f. 50 le Kg., 42 pièces à 10 c., 9 pièces à 5 c., 3 pièces de 2 c. et 2 pièces de 1 c. Que doit payer l'acheteur de ce café ?

357. — Un cultivateur possède une citerne au purin de la capacité de 20 m³ ; cette citerne étant pleine, il entreprend d'en transporter le contenu sur ses prairies avec un tonneau à purin contenant 6 Hl. 47 : combien devra-t-il faire de voyages pour épuiser sa citerne? Sachant qu'il faut 3 Hl. de purin pour fumer un are de prairie, quelle superficie pourra-t-il fumer avec le contenu de cette citerne ?

358. — Un marchand de bois a acheté 7 demi-Ds. à 3 f. 35 le stère ; il revend ce bois au prix de 8 f. 45 le double stère. Que gagne-t-il ?

593. — Combien y a-t-il d'argent pur dans la somme nécesssaire pour payer 2 doubles litres d'eau-de-vie à 1 f. 45 le litre, et 1 Hl. 8 l. de vin à 0 f. 75 le litre, 7 demi-Dl. de cognac à 3 f. 75 le litre, 1° au titre de la pièce de 5 f. en argent ; 2° au titre des autres pièces ?

360. — La capacité d'une citerne au purin est de 24 m³ 375 : combien faudra-t-il faire de voyages pour la vider avec un tonneau à purin contenant 625 litres ?

361. — Quelle est la valeur d'un sac d'argent pesant 3 Kg. 735 ? On demande aussi le poids et la valeur d'un sac contenant : 1° 9 pièces de 5 f. ; 2° 48 pièces de 2 f. ; 3° 49 pièces de 1 f. ; 4° 129 pièces de 0 f. 50 ; 5° 38 pièces de 0 f. 20 ?

362. — Un journalier gagne 2 f. 45 par jour : combien devra-t-il travailler de jours pour payer 4 doubles-Dl. de bière à 0 f. 15 le litre ?

363. — Un brasseur a une cuve d'une capacité de 2 m³ 880 : combien pourra-t-il remplir de tonneaux de chacun 80 doubles litres avec la bière contenue dans cette cuve ? Quelle est la valeur de cette bière, à 14 f. l'Hl. ?

364. — Un cultivateur a acheté du froment de 1re qualité pour ensemencer ses champs. Il en prend d'abord un demi-Hl , puis 2 doubles-Dl. , et enfin 3 demi-Dl. Ce froment valant 28 f. 75 l'Hl. , que doit-il payer ?

365. — Pour charger un chariot de houille , on y a versé 8 doubles-Hl. , puis un Hl. et 3 demi-Hl. de ce combustible. Quel est le poids de ce chargement , l'Hl. de ce charbon pesant 80 Kg. ?

366. — Une laitière vend dans une maison un demi-litre plus un double-Dl. de lait ; dans une seconde maison , un litre et un demi litre ; dans une troisième maison , 4 litres , un demi litre et 3 doubles-dl. ; enfin , dans une quatrième maison , elle vend ce qui lui reste. Sachant qu'elle est sortie de sa laiterie avec 8 litres et demi de lait , on demande la quantité vendue dans la quatrième maison, ce qu'elle a reçu dans chaque maison et en tout, le litre de lait valant 0 f. 20.

367. — Pour remplir un tonneau de cidre , on y verse un demi-Hl. , ensuite 3 doubles-Dl. , puis un Dl. et un demi-Dl de ce liquide. Quelle est la contenance de ce tonneau ? Quelle en est la valeur , à 9 f. l'Hl. ?

368. — Pour peser de la cannelle , on place dans l'un des plateaux de la balance qui doit lui faire équilibre les poids suivants : un double-Dg. , un demi-Dg. et un gramme : que doit-on payer pour cette épice , à 0 f. 75 l'Hg. ?

369. — Pour remplir une barrique de vin , on y a versé un Hl. , puis un demi-Hl. et 2 doubles-Dl. Combien cette barrique contient-elle de bouteilles de 0 l. 75 ?

370. — Achever le compte d'un bûcheron comme suit :

Façon de 19 demi-Ds. de gros bois, à 0 f. 65 le stère, ci . . . . » »

Façon de 16 doubles-St. de bois rondin, à 0 f. 75 le stère, ci . . . . » »

Façon de 18 st. de petit bois rondin, à 0 f. 75 le stère, ci . . . . » »

TOTAL. . . . . » »

FIN DE LA TROISIÈME PARTIE.

Maubeuge, imp. Beugnies.

25me LEÇON.

Notions de Géométrie.

199. On appelle *corps* ou *solide* tout ce qui occupe une portion dans l'espace.

200. L'*étendue* d'un corps est la portion de l'espace occupée par ce corps.

201. L'étendue peu têtre considérée sous *une*, *deux* ou *trois dimensions*. Considérée sous une seule dimension, *longueur*, elle s'appelle *ligne;* sous deux dimensions, *longueur* et *largeur*, elle s'appelle *surface ;* sous trois dimensions, *longueur*, *largeur* et *épaisseur*, elle s'appelle *volume*.

Dans certains cas, l'épaisseur s'appelle aussi *hauteur* ou *profondeur*.

202. **Différentes sortes de lignes.** — Il y a trois espèces de lignes : la ligne *droite*, la ligne *brisée*, et la ligne *courbe*.

203. La ligne droite est le plus court chemin d'un point à un autre (Fig. 1). (1)

204. La ligne brisée est une ligne composée de plusieurs lignes droites se coupant deux à deux (Fig. 2).

205. La ligne courbe est celle dont tous les points changent peu à peu de direction (Fig. 3).

---

(1) Voir les planches à la fin du recueil.

206. **Surface plane.** — On appelle surface plane ou *plan* une surface sur laquelle une ligne droite peut s'appliquer dans tous les sens.

207. **Surface brisée.** — Une surface brisée est une surface composée de plans ou de portions de plans se coupant deux à deux.

208. **Surface courbe.**— Une surface courbe est celle qui n'est ni plane ni composée de surfaces planes.

209. **Angles.** — On appelle angle l'écartement plus ou moins grand de 2 droites qui se coupent en un point qu'on appelle le *sommet* de l'angle.

Les 2 droites s'appellent les *côtés*.

Soit l'angle A B C (Fig. 4) A B et B C sont les côtés et B est le sommet.

210. Il y a 3 sortes d'angles :

211. 1° L'angle *droit*, qui a les 2 côtés perpendiculaires l'un à l'autre comme D E F (Fig. 5).

212. 2° L'angle *aigu*, qui est plus petit que l'angle droit, comme G H I (Fig. 6).

213. 3° L'angle *obtus*, qui est plus grand que l'angle droit, comme J K L (Fig. 7).

214. On appelle *perpendiculaire* une ligne qui, en tombant sur une autre, forme deux angles adjacents (*qui se touchent*) égaux. Ainsi la ligne C D est une perpendiculaire à A B (Fig. 7 bis).

25ᵉ QUESTIONNAIRE.

199. Qu'appelle-t-on corps ? — 200. Qu'est-ce que l'étendue d'un corps ? — 201. Comment peut-être considérée l'étendue et quels sont ses différents noms ? — 202. Combien y-a-t-il d'espèces de lignes ? — 203. Qu'est-ce que la ligne droite ? — 204. Qu'est-ce que la ligne brisée ? — 205. Qu'est-ce que la ligne courbe ? — 206. Qu'appelle-t-on surface plane ? — 207. Qu'est-ce qu'une surface brisée ? — 208. Qu'est-ce qu'une surface courbe ? — 209. Qu'appelle-t-on angle ? — 210. Combien y-a-t-il de sortes d'angles ? — 211. Qu'est-ce que l'angle droit ? — 212. Qu'est-ce que l'angle aigu ? — 213. Qu'est-ce que l'angle obtus ? — 214. Qu'appelle-t-on perpendiculaire ?

26me LEÇON.

Evaluation des Surfaces planes.

215. L'unité de surface adoptée en France étant le *mètre carré*, mesurer la surface d'un corps, c'est chercher combien de fois cette surface contient de mètres carrés.

216. **Carré.** — On appelle carré une figure qui a les 4 angles droits et les 4 côtés égaux (FIG. 8). **A B C D** est un carré, dont **A D**, par exemple, est le côté.

217. La surface du carré s'obtient en multipliant la base par la hauteur, ou bien le côté par lui-même, car la base et la hauteur sont de même longueur.

218. **Rectangle.** — On appelle rectangle une figure qui a les angles droits, mais dont les côtés adjacents ne sont pas égaux (FIG. 9). **A B C D** est un rectangle ; **D C** est la base et **D A** la hauteur.

219. La surface d'un rectangle s'obtient en multipliant la base par la hauteur, ou bien la longueur par la largeur.

220. **Parallélogramme.** — On appelle ainsi une figure qui a les côtés parallèles deux à deux, et dont les angles sont quelconques. **A B C D** est un parallélogramme ; **D C** est la base, et **A E** la hauteur (Fig. 10).

221. La surface d'un parallélogramme s'obtient en multipliant la base par la hauteur.

222. **Triangle.** — On appelle triangle une portion de plan déterminée par 3 droites qui se coupent deux à deux et qu'on appelle les côtés du triangle. **A B C** est un triangle ; **A B** est l'une des bases, car chaque côté peut-être pris pour base, et alors **C O** est la hauteur (Fig. 11).

223. La surface d'un triangle s'obtient en multipliant la base par la 1[2 de la hauteur, ou la hauteur par la 1]2 de la base, ou en prenant la moitié du produit de la base par la hauteur.

26e QUESTIONNAIRE.

215. Qu'est-ce que mesurer la surface d'un corps ? — 216. Qu'appelle-t-on carré ? — 217. Comment s'obtient la surface du carré ? — 218. Qu'appelle-t-on rectangle ? — 219. Comment s'obtient la surface du rectangle ? — 220. Qu'appelle-t-on parallélogramme ? — 221. Comment s'obtient la surface du parallélogramme ? — 222. Qu'appelle-t-on triangle ? — 223. Comment s'obtient la surface du triangle ?

27me LEÇON.

224. **Trapèze.** — On appelle trapèze une figure qui a 4 côtés dont 2 sont parallèles et inégaux (Fig. 12). A B C D est un trapèze ; A B et C D sont les 2 côtés parallèles et D O est la hauteur. Les côtés parallèles forment les deux bases.

225. La surface d'un trapèze s'obtient en multipliant la demi-somme des bases parallèles par la hauteur.

226. **Losange.** — On appelle losange une figure qui a 4 côtés égaux sans que les angles soient droits (Fig. 13). A B C D est un losange ; A C et B D sont les deux diagonales.

227. La surface d'un losange s'obtient en multipliant entre elles les deux diagonales et prenant ensuite la moitié du produit.

228. **Polygone.** — Dans un polygone il y a 3 choses à considérer : 1° les *côtés*, dont la somme forme le *périmètre* ; 2° les *angles* ; 3° la *surface*.

229. **Polygone irrégulier.** — On appelle ainsi celui qui n'a pas tous ses côtés et tous ses angles égaux, comme A B C D E (Fig. 14).

230. La surface d'un polygone irrégulier s'obtient en le décomposant en triangles et trapèzes.

27e QUESTIONNAIRE.

224. Qu'appelle-t-on trapèze ? — 225. Comment s'obtient la surface du trapèze ? — 226. Qu'appelle-t-on losange ? — 227. Comment s'obtient la surface du losange ? — 228. Que faut-il considérer dans un polygone ? — 229. Qu'appelle-t-on polygone irrégulier ? — 230. Comment s'obtient la surface d'un polygone irrégulier ?

28me LEÇON. (1)

231. **De la circonférence du cercle.** — On appelle circonférence une ligne courbe dont tous les points sont également distants d'un point intérieur appelé centre (Fig. 15).

232. La droite A O qui va du centre O à la circonférence s'appelle *rayon*. La droite B C qui touche 2 points de la circonférence en passant par le centre s'appelle *diamètre*.

233. Les géomètres ont trouvé qu'il existe dans tous les cercles un rapport constant entre la longueur de la circonférence et celle du diamètre. Ce rapport, quoique constant, est incommensurable (2) et ne peut être donné qu'avec approximation : on le désigne ordinairement par une lettre grecque, qui a pour valeur mumérique 3,1416 ou $\frac{22}{7}$ ou $\frac{355}{113}$

---

(1) Cette leçon étant peut-être un peu difficile pour de jeunes enfants on pourra la passer, sauf à y revenir plus tard.

(2) Qui ne peut être mesuré exactement.

234. **Longueur de la circonférence.** — Pour avoir la longueur d'une circonférence quelconque, il suffit de multiplier la longueur de son diamètre par 3,1416.

235. **Cercle.** — On appelle cercle la portion de plan limitée par la circonférence (Fig. 16).

236. La surface d'un cercle s'obtient en multipliant sa circonférence par la moitié du rayon ; ou bien en multipliant le rapport constant 3,1416 par le carré(1) du rayon.

237. **Couronne.** — On appelle couronne la portion de surface comprise entre deux circonférences concentriques c'est-à-dire ayant le même centre (Fig. 17).

238. La surface d'une couronne s'obtient en cherchant la surface des deux cercles et retranchant la plus petite de la plus grande.

28e QUESTIONNAIRE.

231. Qu'appelle-t-on circonférence ? — 232. Qu'est-ce que le rayon et le diamètre ? — 233. Quel est le rapport de la circonférence au diamètre ? — 234. Comment obtient-on la longueur d'une circonférence ? — 235. Qu'appelle-t-on cercle ? — 236. Comment s'obtient la surface du cercle ? — 237. Qu'appelle-t-on couronne ? — 238. Comment s'obtient la surface d'une couronne ?

---

(1) On appelle carré d'un nombre le produit de ce nombre multiplié par lui-même.

Problèmes sur l'Évaluation des Surfaces.

371. — Que coûtera le carrelage en marbre d'une église ayant 18 m. 50 de longueur sur 16 m. de largeur, à 14 f. 75 le mètre carré ? Combien faudra-t-il de carreaux de 25 centimètres de côté ?

372. — Un marchand a acheté une tranche de marbre (Fig. 18), à raison de 16 f. 75 le m^2. Que doit-il payer ?

373. — Un marbrier a acheté une tranche de marbre (Fig. 19), à raison de 15 f. 75 le m^2 ; il donne en paiement un billet de 100 f. Quelle somme doit-on lui rendre ?

374. — Un menuisier a construit une porte (Fig. 20), à raison de 14 f. 70 le m^2 ; on lui a donné en paiement un billet de 100 f. Que doit-il rendre ?

375. — Un particulier loue un jardin (Fig. 21), à raison de 3 f. l'are. Que doit-il payer pour cette location ?

376. — Un pendulier a acheté une plaque de marbre antique (1) (Fig. 22), à raison de 0 f. 60 le décimètre carré. Que doit-il payer ?

377. — Un marbrier a acheté 4 tranches de marbre (Fig. 23, 24, 25 et 26), à raison de 17 f. le mètre carré. Que doit-il débourser ?

378. — Quelle est la dépense à faire par un cultivateur pour l'achat des grains destinés à l'ensemencement des terrains ci-dessous, comme il suit : (Fig. 27, 28, 29 et 30)

Terrain n° 27. — Froment à raison de 225 litres par hectare à 22 f. 75 l'Hl.

Terrain n° 28. — Seigle à raison de 215 litres par hectare à 16 f. 50 l'Hl.

---

(1) Ces marbres sont ainsi nommés parce qu'on ne les extrait plus aujourd'hui ; les carrières en sont perdues ou épuisées et on ne les trouve plus que dans les ruines.

TERRAIN N° 29. — Orge d'automne (escourgeon) à raison de 235 litres par hectare à 12 f. 35 l'Hl.

TERRAIN N° 30. — Avoine à raison de 275 litres par hectare à 9 f. 80 l'Hl.

379. — Un marbrier a acheté 3 tranches de marbre (FIG. 31, 32 et 33), pour 58 f. A combien lui revient le mètre carré ?

380. — Un journalier a bêché pour un boulanger le champ (FIG. 34), à raison de 1 f. 35 l'are. Combien le boulanger devra-t-il lui donner de pains à 1 f. 15 pour s'acquitter ?

381. — Un ébéniste (1) a acheté les trois plaques d'acajou (FIG. 35, 36 et 37), à 18 f. le mètre carré. Quel est le montant de son achat ?

382. — Un polisseur de marbre a poli la tablette (FIG. 38), à raison de 3 f. 25 le mètre carré. Que lui est-il dû ? Il a employé 14 heures à ce travail. Que gagnait-il par heure ?

383. — Un cultivateur veut acheter du guano (2) à 30 f. 05 les 100 Kg. rendus chez lui, pour fumer les 2 champs (FIG. 39 et 40). Sachant qu'il en faut 280 Kilogrammes par hectare, quelle quantité doit-il acheter et que lui coûtera cet engrais ?

384. — Un marbrier a acheté pour incrustations les 3 plaques de marbre rare (FIG. 41, 42 et 43), à 1 f. 45 le décimètre carré : que doit-il payer ?

385. — Un jardinier a loué le jardin (FIG. 44), à 3 f. 75 l'are : que doit-il payer ?

386. — Un marbrier a acheté la plaque de marbre (FIG. 45), à raison de 0 f. 75 le décimètre carré. Que doit-il payer ?

---

(1) Ouvrier qui travaille l'ébène, les bois précieux et, par extension, qui fait des meubles de luxe.

(2) Engrais très-actif provenant des fientes d'oiseaux de mer. On le trouve en bancs d'une grande épaisseur sur les côtes de l'Amérique du sud. Le plus renommé est celui du Pérou. Il en faut 250 à 300 Kg. par Ha.

387. — Un marbrier a vendu une table ronde de marbre noir ayant 0 m. 94 de diamètre à 14 f. 75 le mètre carré. Quel est le prix de la table ?

388. — Un menuisier a livré le plancher en marqueterie (1) d'un cabinet circulaire de 2 m. 50 de rayon à 22 f. 60 le mètre carré. Que doit lui payer le propriétaire ?

389. — Un entrepreneur a entrepris, à raison de 8 f. 45 le mètre carré, le dallage (2) du chœur d'une église de forme demi-circulaire, ayant 18 mètres de diamètre. A combien s'élève le montant de cette entreprise ?

390. — Combien faudra-t-il de dalles, de 0 m. 25 de côté pour paver une cour formant un carré parfait de 15 m. 51 de côté ?

391. — Un marbrier pendulier a acheté pour incrustations, une plaque de marbre précieux (Fig. 46), à raison de 2 f. 50 le décimètre carré : à combien lui revient la plaque ?

392. — Un marbrier a entrepris un carrelage (Fig. 47), à raison de 18 f. 50 le mètre carré pour le losange, qui est en marbre jaune fin, et 12 f. 15 le mètre carré, pour le reste du carrelage qui est en marbre vert. Que coûtera ce travail ?

393. — Un peintre a mis en couleur la façade (Fig. 48) dans les conditions suivantes :

1° Le mur à raison de 1 f. 25 le mètre carré ;

2° La porte à raison de 2 f. 15 le mètre carré ;

3° Les fenêtres à raison de 0 f. 75 le mètre carré.

Quel est le montant de sa facture ?

---

(1) Composé de bois de diverses couleurs, de manière à former des dessins.

(2) Action de paver avec des dalles ou larges pierres plates.

394. — On veut ensemencer en seigle le terrain (Fig. 49) à raison de 225 litres à l'hectare. L'hectolitre de semence valant 19 f. 75, combien coûtera la semence à employer ?

395. — On a ensemencé le champ (Fig. 50) en colzas d'hiver semés sur place à raison de 8 Kg. par hectare. Combien coûte la semence employée à raison de 3 f. 25 le demi-Kg ?

396. **Mémoire d'un maçon** (Achevez-le)

Doit M. LANDA Gustave, propriétaire à Bourges à BADARD Désiré, maçon :

En juin 1871. — Carrelage en carreaux rouges de 1er choix, au mortier ordinaire, et sur une couche bien battue de scories (1) de houille à 3 f. 50 le mètre carré.

	LONGUEUR	LARGEUR	SURFACE.
Salle à manger	4m00	5m00	
Grand salon.	3m50	4m50	
Cuisine et office (2).	5m50	4m30	
Salle de jeux	8m50	5m50	
Salle de billard, fumoir . . .	13m30	6m20	
Les lieux.	3m30	1m50	
Les portes ensemble.			3^{m2}
Surface totale.			

Prix 3,50 ×

(1) Résidu qui reste avec les cendres de houille.

(2) Lieu ou où l'on serre le linge de table et la vaisselle.

397. **Mémoire d'un peintre :** (Achevez-le)

Doit M. PARFONRY, négociant à Paris, à PLANARD EUGÈNE, peintre en bâtiments :

Août 1871. — Peinture à l'huile à 3 couches et au blanc de zinc, masticage compris, à 0 f. 95 le mètre carré.

	LONGUEUR	LARGEUR	SURFACE.
Un châssis	1m18	2m50	
13 semblables . . , ...	»	»	
Un autre	1m18	2m30	
9 semblables	»	»	
Une porte d'armoire	1m65	0m90	
Une porte intérieure	1m82	0m90	
Une porte de cour	2m10	2m50	
Surface totale.			

Prix 0 f. 95 ×

398. — **Mémoire d'un couvreur :** (Achevez-le)

Doit M. HÉNAUT, propriétaire à Sceaux, à JALAIS, couvreur en ardoises, pour travaux exécutés en 1871 dans sa maison de campagne, à Sceaux.

Couverture en ardoises de Fumay (1) de 1er choix sur feuillets neufs de bois blanc picards bien scié et de 1re qualité, à 4 f. 75 le mètre carré.

	LONGUEUR	LARGEUR	SURFACE.
Un pan (2) moyen	11m60	7m20	
Un semblable . . , ...	»	»	
Une croupe	11m40	3m00	
Une semblable	»	»	
Un pan (nord)	10m50	5m25	
Un pan (sud) semblable. . . .	»	»	
Une croupe (3)	5m80	5m25	
Trois semblables	18m85	3m00	
Toitures des lieux	9m00	2m00	
Surface totale			

Prix 4 f. 75 ×

(1) Localité située dans le département des Ardennes, célèbre par ses carrières d'ardoises.

(2) Versant d'un toit sur une façade.

(3) Versants opposés à ceux de la façade dans les constructions où ces versants remplacent les pignons en maçonnerie.

399. **Mémoire d'un menuisier** (Achevez-le)

Doit M. Nicolas LEGRAND, propriétaire à Rouen, à TRONQUOY Léon, menuisier, pour les travaux de menuiserie ci-dessous désignés :

Juin 1871. — Lambris (1) en chêne sur quartier, assemblage de 0ᵐ022 d'épaisseur, panneaux en feuillet, cymaises (2) et plinthes (3), moulures comprises, à 8 f. 75 le mètre carré.

	LONGUEUR	LARGEUR	SURFACE.
Lambris du salon	37ᵐ80	1ᵐ11	
Un panneau.	1ᵐ80	1ᵐ40	
3 semblables	»	»	
Un encadrement . , , . . .	10ᵐ50	0ᵐ22	
3 semblables	»	»	
Un autre	8ᵐ00	0ᵐ22	
11 semblables	»	»	
Un panneau	1ᵐ12	1ᵐ40	
Plinthes ensemble.	86ᵐ50	0ᵐ15	
Surface totale.			

Prix 8 f. 75 ×

(1) Revêtement de bois appliqué sur les murs.

(2) Moulure en forme de S et formant la partie supérieure d'une corniche.

(3) Voir la note du problème n° 347.

29me LEÇON.

Définitions géométriques des Corps

Leur surface latérale (1) et leur surface totale.

239. Dans un corps quelconque, il faut considérer deux choses : 1° *sa surface*, c'est-à-dire la surface de toutes ses faces et de ses bases ; 2° *son volume*, c'est-à-dire la portion d'étendue comprise sous toute sa surface.

240. **Prisme.** — On appelle prisme un solide qui a pour bases deux polygones égaux et dont les faces latérales sont des parallélogrammes. A B est un prisme ; A C D est la base ; B D la hauteur, et E C est une arête (Fig. 51).

241. La surface latérale d'un prisme s'obtient en multipliant le périmètre de la base par la hauteur, qui est la longueur de chacune des arêtes latérales.

242. Pour avoir la surface totale du prisme, il faudrait ajouter à la surface latérale la somme des surfaces des deux bases.

243. **Parallélipipède.** — C'est un prisme dont les deux bases sont des parallélogrammes (Fig. 52).

244. la surface latérale et la surface totale s'obtiennent comme celles du prisme ordinaire.

(1) Surface des côtés.

245. **Cube** — C'est un solide terminé par 6 faces carrées et égales (FIG. 53).

246. La surface latérale et la surface totale du cube s'obtiennent encore de la même manière que celles du prisme.

247. **Cylindre.** — On appelle cylindre un solide dont les deux bases sont des cercles égaux et parallèles. B C et A D sont les deux bases, E O est l'axe ou hauteur du cylindre, et A B en est l'arête (FIG. 54).

248. La surface latérale du cylindre s'obtient en multipliant la circonférence de la base par sa hauteur qui est le côté.

249. La surface totale égale la surface latérale augmentée des surfaces des 2 cercles de ses bases.

29e QUESTIONNAIRE.

239. Que faut-il considérer dans un corps quelconque ? — 240. Qu'appelle-t-on prisme ? — 241. Comment s'obtient la surface latérale du prisme ? — 242. Comment s'obtient la surface totale ? — 243. Qu'est-ce qu'un parallélipipède ? — 244. Comment s'obtiennent sa surface latérale et sa surface totale ? — 245. Qu'est-ce qu'un cube ? — 246. Comment s'obtiennent sa surface latérale et sa surface totale ? — 247. Qu'appelle-t-on cylindre ? — 248. Comment s'obtient la surface latérale du cylindre ? — 249. Comment s'obtient sa surface totale ?

30me LEÇON.

Volumes des Corps.

250. **Volume.** — Nons avons donné ce nom à l'étendue considérée sous 3 dimensions : longueur, largeur, épaisseur ou hauteur.

251. **Volume du prisme.** — Le volume d'un prisme s'obtient en multipliant la surface de l'une des bases, par la hauteur.

252. **Volume du parallélipipède.** — Le volume du parallélipipède s'obtient de la même manière que celui du prisme.

253. **Volume du cube.** — Le volume du cube égale aussi le produit de sa base par sa hauteur ; mais comme la base est un carré dont le côté égale la hauteur, nous pouvons dire que le volume du cube égale le cube (1) de son arête.

254. **Densité des corps.** — On appelle densité d'un corps la quantité de ce corps contenue dans l'unité de volume.

255. L'*unité de densité* des corps solides ou liquides est le poids d'un *décimètre cube d'eau pure*.

256. Connaissant le volume d'un corps, exprimé en décimètres cubes et la densité de ce corps, on en obtient le poids en multipliant la densité par le volume.

---

(1) On appelle cube d'un nombre le produit de ce nombre pris trois fois comme facteur.

257. Connaissant le poids d'un corps et la densité de ce corps, on en obtient le volume, exprimé en décimètres cubes, en divisant le poids par la densité.

30e QUESTIONNAIRE.

250. — Qu'appelle-t-on volume d'un corps ? — 251. Comment s'obtient le volume d'un prisme ? — 252. Comment s'obtient le volume du parallélipipède ? — 253. Comment s'obtient le volume du cube ? — 254. Qu'appelle-t-on densité d'un corps ? — 255. Quelle est l'unité de densité des corps solides et liquides ? — 256. Connaissant le volume et la densité d'un corps, comment obtient-on le poids de ce corps ? — 257. Connaissant le poids et la densité d'un corps, comment en détermine-t-on le volume ?

Problèmes sur l'évaluation des Surfaces et des Volumes des Corps.

400. — On a revêtu en damas blanc, le dedans d'une boîte cubique de 0 m. 45 de côté intérieur. Quelle est la surface de l'étoffe employée ?

401. — Un peintre a mis en couleur, sur toutes ses faces, un coffre présentant la forme d'un parallélipipède rectangle de 1 m. 25 de longueur, sur 0 m. 75 de largeur et 0 m. 62 de hauteur, à raison de 0 f. 75 le mètre carré. Que lui est-il dû pour ce travail ?

402. — Un peintre a mis en couleur une colonne ayant 0 m. 15 de rayon et 5 m. 35 de hauteur, à raison de 6 f. 50 le mètre carré : que lui est-il dû pour ce travail ?

403. — Un entrepreneur a fourni 12 marches d'escalier en pierres de taille à 282 f. le mètre cube. Chaque marche a 1 m. 15 de longueur, 0 m. 22 de largeur et 0 m. 14 de hauteur. Que doit-il recevoir ?

404. — Un cultivateur a fait construire une citerne de forme circulaire, destinée à recueillir le purin. Cette citerne a 0 m. 95 de diamètre et 1 m. 80 de profondeur. Quelle est sa contenance en hectolitres ; que doit-il payer pour la faire cimenter à l'intérieur à raison de 2 f. 35 le mètre carré ? (On ne cimente pas l'ouverture, qui est fermée par une pierre de taille).

405. — Un charpentier a fourni à un propriétaire, un cours (1) de 36 poutres en chêne à vive arête à 15 f. le mètre cube. Chaque poutre a 4 m. 25 de longueur et présente la forme d'un prisme triangulaire de 0 m. 15 de base et 0 m. 12 de hauteur. Quel est le montant de cette fourniture ?

406. — Combien remplira-t-on de tonneaux d'une contenance de 80 doubles-litres avec la bière contenue dans une chaudière ayant 2 m. 35 de longueur, 0 m. 85 de largeur et 1 m. 12 de hauteur, et quel produit en retirera-t-on à 14 f. l'hectolitre ?

407. — La longueur des bûches variant d'une localité à l'autre et la largeur du stère étant fixée à 1 mètre, on doit établir la longueur des montants de la membrure, selon la longueur des bûches.

D'après cela, achevez le tableau suivant :

LONGUEUR DES BUCHES.	Hauteur des Montants de la Membrure.
1 m. 42	
1 m. 34	
1 m. 26	
1 m. 18	
1 m. 10	
1 m. 02	

(1) Rang continu de pièces de bois de mêmes dimensions.

408, — Un maréchal a acheté 6 barres de fer ayant les dimensions suivantes : les 2 premières, 2 m. 35 de longueur, 8 centimètres de largeur et 9 millimètres d'épaisseur; les 4 suivantes, 3 m. 15 de longueur, 11 centimètres de largeur et 7 millimètres d'épaisseur. A 0 f. 15 le Kg., quelle somme ce maréchal doit-il payer ? (On sait que la densité du fer en barres est 7, 8.)

409. — On a acheté une colonne en pierre de taille ayant 0 m. 40 de diamètre et 6 m. 40 de hauteur, à raison de 175 f. le mètre cube et 12 f. 75 le mètre carré de taille. Que doit-on payer ?

410. — Quel est le prix de 4 disques (1) en fer ayant 0 m. 35 de diamètre et 27 m|m d'épaisseur, à 0 f. 57 le Kg., la densité du fer étant 7, 8 ?

411. — Un marchand de marbre a acheté un bloc de marbre rouge jaspé présentant la forme d'un parallélipipède rectangle, de 1 m. 85 de longueur, 0 m. 94 de largeur et 0 m. 74 de hauteur à raison de 475 f. le mètre cube. Il le fait scier en tranches de 0 m. 02 d'épaisseur, y compris le mordant des lames de scie et on lui demande 1 f. 25 par mètre carré de sciage; les frais de transport et de mise en chantier s'élèvent à 45 f. 75. On demande : 1° ce qu'il doit payer au propriétaire de la scierie; 2° combien il doit vendre le mètre carré de tranches de ce marbre pour gagner 120 f. sur le prix de revient ?

(1) Plaque de forme ronde.

412. — **Mémoire d'un maçon** (Achevez-le)

Doit, M. Louis JEAN, propriétaire à Lille, à POULET Henri, maçon-entrepreneur, pour les travaux de maçonnerie ci-dessous désignés :

Mars 1871. — *Construction d'une citerne* (1) — Maçonnerie en briques de 1er choix, au mortier fin de ciment de briques et de chaux hydraulique (2), y compris corrois (3) en terre glaise, à 18 f. 75 le mètre cube.

MURS DE LA CITERNE.	LONGUEUR	LARGEUR.	ÉPAISSEUR	VOLUME.
2 pieds-droits	11m00	2m00	0m36	
2 pignons	7m00	2m70	0m36	
La voûte	4m00	3m80	0m23	
Le pavé en joints cassés	4m00	3m00	0m18	
Volume total. .				

Prix 18 f. 75 ×

(1) Réservoir souterrain en maçonnerie destiné à recevoir les eaux de pluie, le purin, etc.

(2) Chaux argileuse qui a la propriété de se durcir dans l'eau, d'où lui vient son nom.

(3) Lit de terre grasse dont on revêt le fond et les côtés d'une citerne, d'un bassin, avant d'y construire la maçonnerie, afin d'empêcher les infiltrations.

413. **Mémoire d'un charpentier** (Achevez-le)

Doit M. DE TOURNON, propriétaire à St-Quentin, à DÉCAMPS DÉSIRÉ, charpentier, pour travaux et fournitures ci-dessous désignés :

Charpente en chêne à vive arête (1) fournie à sa maison en 1871, à raison de 115 f. le mètre cube.

	LONGUEUR	LARGEUR.	ÉPAISSEUR	VOLUME.
Une poutre au bâtiment principal	6m00	0m38	0m28	
7 semblables	»	»	»	
Un cours de poutrelles .	23m80	0m15	0m10	
Un semblable	»	»	»	
Un autre.	34m00	0m15	0m10	
2 semblables	»	»	»	
Un au corridor . . .	8m40	0m15	0m10	
Un autre semblable . .	»	»	»	
Un autre.	12m00	0m15	0m10	
2 semblables	»	»	»	
4 pièces ensemble . .	9m60	0m25	0m33	
Volume à reporter.				

(1) Bien équarrie sans écorce ni aubier.

414. Suite du mémoire précédent (Achevez-le)

	LONGUEUR	LARGEUR.	ÉPAISSEUR	VOLUME.
Report. . .				
Une pièce d'escalier . .	4m00	0m10	0m18	
Une petite poutrelle . .	1m00	0m07	0m18	
9 semblables	»	»	»	
24 petites poutrelles . .	24m00	0m11	0m20	
Un linteau	1m80	0m34	0m15	
9 semblables	»	»	»	
Un autre.	2m00	0m34	0m15	
24 semblables	»	»	»	
Chaînes, ensemble . .	45m00	0m10	0m10	
Un linteau (1) de porte.	1m70	0m22	0m14	
5 semblables	1m70	0m22	0m14	
Montants et traverses de refend	75m00	0m08	0m11	
Une sablière	52m50	0m18	0m06	
Briques de bois . . .				0m028
Chevilles, tasseaux, etc.				0m022
Volume total. .				

Prix 115 f. ×

(1) Pièce de bois qui forme la partie supérieure de la porte et soutient la maçonnerie.

31me LEÇON.

Des Fractions.

258. Une *fraction* est composée d'une ou de plusieurs *parties égales* de l'*unité*.

259. On exprime une fraction à l'aide de deux nombres placés l'un au-dessous de l'autre et séparés par un trait. Le premier au-dessus se nomme *numérateur*, et le second au-dessous se nomme *dénominateur*.

260. Une fraction peut être aussi considérée comme une division à effectuer, le numérateur étant le dividende et le dénominateur le diviseur.

261. Le numérateur et le dénominateur s'appellent aussi les *deux termes* de la fraction.

262. Le numérateur indique le nombre des parties dont se compose la fraction. Le dénominateur fait connaître la valeur de ces parties, ou, en d'autres termes, en combien de parties l'unité est divisée.

263. Pour lire une fraction, on énonce d'abord le **numérateur**, ensuite le **dénominateur** en faisant suivre le nom de ce dernier de la terminaison *ième*. Les dénominateurs 2, 3, 4 s'énoncent seuls *demi*, *tiers*, *quart*.

264. Quand le numérateur d'une fraction égale ou surpasse le dénominateur; elle prend le nom d'*expression fractionnaire*.

265. Quand le numérateur est égal au dénominateur la fraction est égale à l'unité.

266. Si le numérateur est plus grand que le dénominateur, la fraction est plus grande que l'unité.

267. Un nombre entier, accompagné d'une fraction s'appelle *nombre fractionnaire.*

31ᵉ QUESTIONNAIRE.

258. Qu'est-ce qu'une fraction ? — 259. Comment exprime-t-on une fraction et comment s'appellent les deux nombres qui servent à l'exprimer ? — 260. Comment peut encore être considérée une fraction ? — 261. Comment s'appellent encore le numérateur et le dénominateur ? — 262. Qu'indiquent le numérateur et le dénominateur ? — 263. Comment lit-on une fraction, et comment s'énoncent les dénominateurs 2, 3, 4 ? — 264. Quel nom prend la fraction lorsque le numérateur égale ou surpasse le dénominateur ? — 265. A quoi est égale la fraction quand le numérateur égale le dénominateur ? — 266. Qu'arrive-t-il lorsque le numérateur est plus grand que le dénominateur ? — 267. Comment s'appelle un nombre entier accompagné d'une fraction ?

32me LEÇON.

Réductions et Transformations des Fractions.

268. Les fractions sont susceptibles d'être transformées en d'autres fractions plus petites ou plus grandes mais qui conservent la même valeur : ces transformations s'appellent *réductions.*

269. Pour convertir un nombre fractionnaire en expression fractionnaire, il faut multiplier le dénominateur de la fraction par le nombre entier sans toucher au numérateur et ajouter au produit le numérateur de la fraction.

270. On extrait les entiers d'une expression fractionnaire en divisant le numérateur par le dénominateur.

271. On ne change pas la valeur d'une fraction en multipliant ou en divisant ses deux termes par un même nombre.

272. En multipliant le numérateur seul d'une fraction par un certain nombre, on rend la fraction ce même nombre de fois plus grande.

273. En multipliant le dénominateur seul d'une fraction par un nombre, on rend la fraction ce même nombre de fois plus petite.

274. Si l'on divise le numérateur seul d'une fraction par un nombre, la fraction est rendue ce même nombre de fois plus petite.

275. Si l'on divise le dénominateur seul de la fraction par un nombre, cette fraction devient ce même nombre de fois plus grande.

276. *Simplifier* une fraction, c'est la convertir en une autre de même valeur mais ayant des termes plus simples.

277. Pour simplifier une fraction, on divise ses deux termes par un même nombre.

32e QUESTIONNAIRE.

268. — En quoi consiste les réductions des fractions ? — 269. Comment convertit-on un nombre fractionnaire en expression fractionnaire ? — 270. Comment extrait-on les entiers d'une expression ractionnaire ? — 271. Qu'arrive-t-il si l'on multiplie ou si l'on divise les deux termes d'une fraction par un même nombre ? — 272. Qu'arrive-t-il si l'on multiplie le numérateur seul d'une fraction par un certain nombre ? — 273. Qu'arrive-t-il si l'on multiplie le dénominateur seul par un certain nombre ? — 274. Qu'arrive-t-il si l'on divise le numérateur seul par un certain nombre ? — 275. Qu'arrive-t-il si l'on divise le dénominateur seul par un certain nombre ? — 276. Qu'est-ce que simplifier une fraction ? — 277. Comment simplifie-t-on une fraction ?

33me LEÇON.

Principaux Caractères de Divisibilité.

278. Un nombre est divisible par 2, quand il est terminé à droite par 0 ou par un des chiffres pairs (2, 4, 6, 8).

279. Un nombre est divisible par 3, si la somme de ses chiffres, considérés comme unités simples, est divisible par 3.

280. Un nombre est divisible par 4, lorsque le nombre formé par ses deux derniers chiffres à droite est divisible par 4.

281. Un nombre est divisible par 5, quand il est terminé à sa droite par 0 ou par 5.

282 Un nombre est divisible par 6, lorsqu'il est divisible tout à la fois par 2 et par 3.

283. Un nombre est divisible par 8, lorsque le nombre formé par les trois derniers chiffres à droite est divisible par 8.

284. Un nombre est divisible par 9, lorsque la somme de ses chiffres additionnés comme des unités simples, est divisible par 9.

285. Un nombre est divisible par 10, lorsqu'il se termine par 0. (1)

Réduction des fractions au même dénominateur.

286. Pour réduire deux fractions au même dénominateur il faut multiplier successivement les deux termes de chacune par le dénominateur de l'autre.

287. Pour réduire un nombre quelconque de fractions au même dénominateur, il faut multiplier successivement les deux termes de chacune par le produit des dénominateurs de toutes les autres.

On peut démontrer ici, au tableau noir, le cas de la réduction à l'aide d'un dénominateur divisible par tous les autres et le cas où des dénominateurs ont des facteurs communs.

(1) Le cadre restreint dans lequel nous nous efforçons de nous renfermer ne nous permet pas de nous occuper ici de la recherche du plus grand commun diviseur, ni de la réduction des fractions à leur plus simple expression.

33e QUESTIONNAIRE.

278. Quand un nombre est-il divisible par 2 ? — 279. Quand un nombre est-il divisible par 3 ? — 280. Quand un nombre est-il divisible par 4 ? — 281. Quand un nombre est-il divisible par 5 ? — 282. Quand un nombre est-il divisible par 6 ? — 283. Quand un nombre est-il divisible par 8 ? — 284. Quand un nombre est-il divisible par 9 ? — 285 Quand un nombre est-il divisible par 10 ? — 286. Comment réduit-on deux fractions au même dénominateur ? — 287. Comment réduit-on un nombre quelconque de fractions au même dénominateur ?

34me LEÇON.

Addition des Fractions.

288. Si les fractions à additionner ont le même dénominateur, on fait la somme des numérateurs en lui donnant le dénominateur commun.

288 bis. Si les fractions n'ont pas le même dénominateur, on les y réduit et l'on opère ensuite comme ci-dessus.

289. Pour additionner des nombres fractionnaires, on additionne d'abord séparément les fractions, on en extrait les entiers, s'il y a lieu, puis on les ajoute à la somme des nombres entiers.

Soustraction des Fractions.

290. Si les fractions ont le même dénominateur, on fait la différence des numérateurs et on donne à cette différence le dénominateur commun.

290 bis. Si les fractions n'ont pas le même dénominateur, on les y réduit et l'on opère comme au cas précédent.

291. Dans la soustraction des nombres fractionnaires, on fait séparément la différence des entiers et des fractions. Mais dans le cas où la fraction du nombre supérieur est plus petite que celle du nombre inférieur on augmente mentalement la première d'une unité empruntée à la partie entière. Il suffit pour cela d'ajouter le dénominateur au numérateur de la fraction.

Multiplication des Fractions.

292. La multiplication des fractions présente trois cas :

1° Le multiplicande est une fraction et le multiplicateur un nombre entier ;

2° Le multiplicande est un nombre entier et le multiplicateur une fraction ;

3° Les deux facteurs sont des fractions.

293. **1er Cas.** — Pour multiplier une fraction par un nombre entier, on multiplie le numérateur par le nombre entier sans toucher au dénominateur.

294. **2e Cas.** — Pour multiplier un nombre entier par une fraction, on multiplie le nombre entier par le numérateur sans toucher au dénominateur.

295 **3e Cas.** — Pour multiplier une fraction par une fraction, on multiplie les numérateurs entre eux et les dénominateurs de même.

395 bis. Lorsqu'on a un nombre fractionnaire, on le réduit en expression fractionnaire (269) et l'on agit comme pour une fraction.

296. **Fractions de fractions.** — Le produit de plusieurs fractions se nomme fraction de fractions.

297. Pour prendre des fractions de fractions on fait le produit des numérateurs à celui des dénominateurs.

34e QUESTIONNAIRE.

288. Comment additionne-t-on des fractions qui ont le même dénominateur ? — 288 bis. Comment additionne-t-on des fractions qui n'ont pas le même dénominateur ? — 289. Comment additionne-t-on des nombres fractionnaires ? — 290. Comment fait-on la soustraction de deux fractions qui ont le même dénominateur ? — 290 bis. Comment fait-on la soustraction de deux fractions qui n'ont pas le même dénominateur ? — 291. Comment fait-on la soustraction de deux nombres fractionnaires ? — 292. Quels sont les trois cas de la multiplication des fractions ? — 293. Comment multiplie-t-on une fraction par un nombre entier ? — 294. Comment multiplie-t-on un nombre entier par une fraction ? — 295. Comment multiplie-t-on une fraction par une fraction ? — 295 bis. Comment multiplie-t-on deux nombres fractionnaires ? — 296. Qu'appelle-t-on fraction de fractions ? — 297. Comment prend-on des fractions de fractions ?

35me LEÇON.

Division des Fractions.

298. La division des fractions présente aussi trois cas :

1° Le dividende est une fraction et le diviseur un nombre entier ;

2° Le dividende est un nombre entier et le diviseur une fraction ;

3° Le dividende et le diviseur sont tous deux des fractions.

299. **1er Cas.** — Pour diviser une fraction par un nombre entier, on multiplie le dénominateur par le nombre entier, sans toucher au numérateur.

300. **2e Cas.** — Pour diviser un nombre entier par une fraction, on multiplie ce nombre entier par la fraction diviseur renversée.

301. **3e Cas.** — Pour diviser une fraction par une fraction, on multiplie la fraction dividende par la fraction diviseur renversée.

302. Dans ces trois cas, si l'on avait un nombre entier accompagné d'une fraction, on réduirait le tout en expression fractionnaire (269) qu'on considérerait alors comme fraction.

Réduction des fractions ordinaires en fractions décimales.

303. Nous avons vu (260) qu'une fraction peut-être considérée comme une division à effectuer. On peut donc évaluer une fraction ordinaire en fraction décimale en divisant le numérateur par le dénominateur.

35e QUESTIONNAIRE.

298. Quels sont les trois cas de la division des fractions ? — 299. Comment divise-t-on une fraction par un nombre entier ? — 300. Comment divise-t-on un nombre entier par une fraction ? — 301. Comment divise-t-on une fraction par une fraction ? — 302. Que ferait-on s'il y avait un nombre entier accompagné d'une fraction ? — 303. Comment évalue-t-on une fraction ordinaire en fraction décimale ?

Exercices sur les Principes des Fractions.

Ecrivez en chiffres :

1. — Quatre cinquièmes ;
2. — Deux tiers ;
3. — Cinq sixièmes ;
4. — Un demi ;
5. — Trois quarts ;
6. — Sept huitièmes ;
7. — Quinze vingt-quatrièmes ;
8. — Vingt-huit quarante-septièmes ;
9. — soixante-quatre cent-vingt-neuvièmes ;
10. — Deux cent-douze quatre-cent-neuvièmes.

Indiquez la fraction qu'il faudrait ajouter à chacune des fractions suivantes pour former l'unité :

11. — $\frac{1}{2}$
12. — $\frac{3}{8}$
13. — $\frac{4}{9}$
14. — $\frac{3}{12}$
15. — $\frac{7}{15}$
16. — $\frac{12}{17}$
17. — $\frac{15}{24}$
18. — $\frac{32}{65}$
19. — $\frac{17}{54}$
20. — $\frac{42}{115}$

21. — **Convertissez** 9 **unités en quarts** ;
22. — —— 24 —— sixièmes ;
23. — —— 8 —— neuvièmes ;
24. — —— 7 —— quinzièmes ;
25. — —— 9 —— vingt-quatrièmes ;
26. — —— 12 —— quarante-sixièmes ;
27. — —— 4 —— cinquante-quatrièmes ;
28. — —— 36 —— tiers ;
29. — —— 49 —— cent-quatrièmes ;
30. — —— 35 —— douzièmes.

Réduisez en expressions fractionnaires les nombres fractionnaires suivants :

31. — $4\frac{3}{4}$
32. — $5\frac{2}{3}$
33. — $6\frac{1}{2}$
34. — $4\frac{7}{8}$
35. — $12\frac{3}{7}$
36. — $7\frac{4}{15}$
37. — $18\frac{3}{7}$
38. — $24\frac{5}{36}$
39. — $32\frac{12}{45}$
40. — $49\frac{36}{125}$

Extraire les entiers des expressions fractionnaires suivantes :

41. — $\frac{6}{2}$
42. — $\frac{9}{3}$
43. — $\frac{32}{4}$
44. — $\frac{15}{5}$
45. — $\frac{124}{24}$
46. — $\frac{175}{25}$
47. — $\frac{148}{12}$
48. — $\frac{245}{86}$
49. — $\frac{936}{35}$
50. — $\frac{1047}{324}$

51. — **Rendre la fraction** $\frac{2}{3}$ 4 **fois plus grande.**

52. — ——— $\frac{5}{6}$ 3 ———

53. — ——— $\frac{4}{9}$ 6 ———

54. — ——— $\frac{3}{12}$ 7 ———

55. — ——— $\frac{8}{15}$ 9 ———

56. — ——— $\frac{12}{15}$ 5 ———

57. — ——— $\frac{4}{7}$ 12 ———

58. — ——— $\frac{15}{24}$ 8 ———

59. — ——— $\frac{36}{72}$ 14 ———

60. — ——— $\frac{5}{14}$ 7 ———

61. — **Rendre la fraction** $\frac{3}{8}$ 7 **fois plus petite.**

62. — ——— $\frac{5}{6}$ 8 ———

63. — ——— $\frac{2}{3}$ 3 ———

64. — ——— $\frac{3}{5}$ 8 ———

65. — ——— $\frac{1}{11}$ 3 ———

66. — ——— $\frac{14}{17}$ 4 ———

67. — **Rendez la fraction** $\frac{8}{12}$ **5 fois plus petite.**

68. — —— $\frac{12}{28}$ 2 ——

69. — —— $\frac{36}{85}$ 9 ——

70. — —— $\frac{47}{125}$ 14 ——

Simplifier les fractions suivantes :

71. — $\frac{4}{12}$

72. — $\frac{3}{9}$

73. — $\frac{12}{24}$

74. — $\frac{15}{25}$

75. — $\frac{18}{36}$

76. — $\frac{128}{164}$

77. — $\frac{234}{621}$

78. — $\frac{20}{70}$

79. — $\frac{318}{783}$

80. — $\frac{624}{948}$

Groupes de fractions à réduire au même dénominateur :

81. — $\frac{1}{2}$, $\frac{2}{3}$

82. — $\frac{3}{4}$, $\frac{5}{6}$

83. — $\frac{2}{5}$, $\frac{3}{8}$

84. — $\frac{5}{9}$, $\frac{5}{6}$

85. — $\frac{3}{7}$, $\frac{8}{9}$

86. — $\frac{2}{3}$, $\frac{3}{4}$

87. — $\frac{5}{6}$, $\frac{3}{8}$

88. — $\frac{4}{7}$, $\frac{1}{2}$

89. — $\frac{4}{12}$, $\frac{5}{7}$

90. — $\frac{3}{16}$, $\frac{4}{15}$

91. — $\frac{3}{4}$, $\frac{1}{2}$, $\frac{4}{7}$

92. — $\frac{2}{3}$, $\frac{4}{5}$, $\frac{3}{9}$

93. — $\frac{3}{8}$, $\frac{1}{6}$, $\frac{3}{4}$

94. — $\frac{4}{7}$, $\frac{3}{8}$, $\frac{4}{9}$

95. — $\frac{3}{6}$, $\frac{2}{7}$, $\frac{4}{5}$

96. — $\frac{2}{3}$, $\frac{2}{7}$, $\frac{1}{6}$

97. — $\frac{1}{2}$, $\frac{2}{9}$, $\frac{3}{7}$

98. — $\frac{3}{17}$, $\frac{4}{7}$, $\frac{2}{3}$

99. — $\frac{6}{15}$, $\frac{3}{12}$, $\frac{3}{5}$

100. — $\frac{31}{45}$, $\frac{3}{11}$, $\frac{9}{17}$

101. — $\frac{1}{3}$, $\frac{3}{5}$, $\frac{3}{4}$, $\frac{1}{2}$

102. — $\frac{3}{7}$, $\frac{1}{4}$, $\frac{2}{3}$, $\frac{5}{6}$

103. — $\frac{7}{8}$, $\frac{2}{5}$, $\frac{1}{6}$, $\frac{1}{2}$

104. — $\frac{3}{4}$, $\frac{7}{9}$, $\frac{2}{7}$, $\frac{1}{6}$

105. — $\frac{2}{3}$, $\frac{1}{2}$, $\frac{4}{9}$, $\frac{3}{8}$

106. — $\frac{5}{7}$, $\frac{3}{4}$, $\frac{1}{3}$, $\frac{4}{5}$

107. — $\frac{4}{9}$, $\frac{1}{2}$, $\frac{5}{6}$, $\frac{3}{4}$

108. — $\frac{5}{12}$, $\frac{4}{15}$, $\frac{1}{2}$, $\frac{1}{6}$

109. — $\frac{6}{17}$, $\frac{5}{24}$, $\frac{2}{5}$, $\frac{4}{9}$

110. — $\frac{14}{18}$, $\frac{19}{14}$, $\frac{17}{22}$, $\frac{3}{4}$

Exercices sur l'Addition, la Soustraction, la Multiplication et la Division des Fractions.

Fractions à additionner :

111. — $\frac{4}{9} + \frac{3}{9}$

112. — $\frac{5}{12} + \frac{8}{12}$

113. — $\frac{3}{11} + \frac{4}{11}$

114. — $\frac{25}{75} + \frac{18}{75}$

115. — $\frac{48}{56} + \frac{29}{56}$

116. — $\frac{7}{15} + \frac{2}{15} + \frac{8}{15}$

117. — $\frac{42}{75} + \frac{9}{75} + \frac{17}{75}$

118. — $\frac{18}{98} + \frac{54}{98} + \frac{12}{98}$

119. — $\frac{76}{95} + \frac{25}{95} + \frac{14}{95}$

120. — $\frac{12}{16} + \frac{7}{16} + \frac{8}{16}$

121. — $\frac{2}{3} + \frac{5}{6}$

122. — $\frac{3}{4} + \frac{7}{8}$

123. — $\frac{2}{7} + \frac{4}{9}$

124. — $\frac{4}{7} + \frac{3}{4}$

125. — $\frac{3}{12} + \frac{5}{8}$

126. — $\frac{4}{15} + \frac{12}{21}$

127 — $\frac{14}{36} + \frac{18}{25}$

128. — $\frac{48}{52} + \frac{19}{33}$

129. — $\frac{17}{75} + \frac{47}{82}$

130. — $\frac{32}{48} + \frac{28}{95}$

Nombres fractionnaires à additionner :

131. — $3\frac{2}{9} + 1\frac{4}{9}$

132. — $7\frac{3}{4} + 2\frac{6}{11} + 3\frac{1}{2}$

133. — $2\frac{1}{14} + 4\frac{1}{3} + 8\frac{6}{7}$

134. — $5\frac{4}{9} + 2\frac{1}{4} + 6\frac{3}{8} + 9\frac{4}{13}$

135. — $2\frac{28}{39} + 10\frac{11}{43} + 6\frac{27}{58} + \frac{5}{12}$

136. — $7\frac{3}{12} + 3\frac{25}{32} + 4\frac{20}{27} + 1\frac{1}{3}$

Exercices sur la soustraction des fractions :

137. — $\frac{5}{7} - \frac{3}{7}$

138. — $\frac{7}{12} - \frac{5}{12}$

139. — $\frac{5}{6} - \frac{3}{4}$

140. — $\frac{14}{25} - \frac{7}{36}$

141. — $\frac{79}{84} - \frac{47}{58}$

142. — $14\frac{7}{8} - 8\frac{2}{9}$

143. — $9\frac{3}{16} - 6\frac{12}{75}$

144. — $6\frac{4}{15} - 2\frac{11}{12}$

145. — $17\frac{1}{8} - 12\frac{3}{4}$

146. — $8\frac{25}{47} - 5\frac{68}{89}$

Multiplication d'une fraction par un nombre entier:

147. — $\frac{2}{3} \times 8$
148. — $\frac{5}{6} \times 24$
149, — $\frac{4}{15} \times 9$
150. — $\frac{3}{19} \times 7$
151. — $\frac{7}{9} \times 18$
152. — $\frac{4}{7} \times 24$
153. — $\frac{1}{2} \times 4$
154. — $\frac{3}{4} \times 7$
155. — $\frac{4}{13} \times 15$
156. — $\frac{13}{21} \times 17$

Multiplication d'un nombre entier par une fraction :

157. — $4 \times \frac{5}{6}$
158. — $8 \times \frac{1}{2}$
159. — $14 \times \frac{2}{3}$
160. — $21 \times \frac{5}{9}$
161. — $4 \times \frac{7}{8}$
162. — $7 \times \frac{4}{15}$
163. — $18 \times \frac{12}{15}$
164. — $9 \times \frac{7}{7}$
165. — $12 \times \frac{5}{6}$
166. — $16 \times \frac{3}{9}$

Multiplication d'une fraction par une fraction :

167. — $\frac{2}{3} \times \frac{5}{6}$

168. — $\frac{3}{4} \times \frac{2}{9}$

169. — $\frac{1}{2} \times \frac{4}{7}$

170. — $\frac{5}{8} \times \frac{1}{3}$

171. — $\frac{2}{9} \times \frac{4}{5}$

172. — $\frac{4}{11} \times \frac{2}{3}$

173. — $\frac{3}{14} \times \frac{5}{7}$

174. — $\frac{3}{4} \times \frac{7}{15}$

175. — $\frac{4}{13} \times \frac{8}{11}$

176. — $\frac{9}{14} \times \frac{7}{18}$

Division d'une fraction par un nombre entier :

177. — $\frac{1}{2} : 9$

178. — $\frac{2}{3} : 4$

179. — $\frac{3}{4} : 8$

180. — $\frac{4}{5} : 5$

181. — $\frac{5}{6} : 8$

182. — $\frac{3}{9} : 7$

183. — $\frac{7}{8} : 3$

184. — $\frac{4}{7} : 2$

185. — $\frac{3}{11} : 5$

186. — $\frac{7}{15} : 4$

Division d'un nombre entier par une fraction :

187. — $3 : \frac{2}{3}$
188. — $9 : \frac{4}{5}$
189. — $6 : \frac{3}{9}$
190. — $5 : \frac{1}{2}$
191. — $4 : \frac{5}{6}$
192. — $8 : \frac{3}{4}$
193. — $7 : \frac{2}{9}$
194. — $2 : \frac{1}{8}$
195. — $6 : \frac{2}{15}$
196. — $12 : \frac{3}{14}$

Division d'une fraction par une fraction :

197. — $\frac{1}{2} : \frac{3}{9}$
198. — $\frac{2}{3} : \frac{4}{7}$
199. — $\frac{3}{4} : \frac{7}{8}$
200. — $\frac{4}{5} : \frac{8}{9}$
201. — $\frac{5}{5} : \frac{2}{2}$
202. — $\frac{4}{5} : \frac{1}{3}$
203. — $\frac{3}{15} : \frac{5}{8}$
204. — $\frac{2}{9} : \frac{2}{15}$
205. — $\frac{3}{7} : \frac{6}{17}$

Problèmes sur les Fractions.

Addition des Fractions.

415. — Il reste à un marchand de drap un coupon de $\frac{3}{7}$ de mètre; un autre coupon de $\frac{2}{3}$ de mètre et un 3e coupon de $\frac{4}{7}$ de mètre : quelle est la longueur totale de ces trois coupons ?

416. — La remise d'un libraire sur le prix fort d'un ouvrage est d'abord de $\frac{1}{13}$, puis de $\frac{25}{100}$, et de $\frac{1}{16}$: quelle est la remise totale obtenue par le libraire ?

417. — Un cultivateur emploie 3 attelages au labourage de ses propriétés : le 1er laboure $\frac{2}{5}$ d'hectare par jour; le 2e, $\frac{3}{8}$ d'hectare et le 3e, $\frac{1}{4}$ d'hectare : quelle est la contenance totale labourée par les trois attelages en un jour ?

418. — Un tapissier a trois fauteuils à couvrir ; il emploie pour le 1er $\frac{3}{4}$ de mètre de velours ; pour le 2e, $\frac{7}{8}$ de mètre et pour le 3e, $\frac{5}{6}$ de mètre : combien a-t-il employé d'étoffe pour les trois fauteuils ?

419. — Un tisserand fait le lundi $\frac{5}{6}$ de mètre de toile ; le mardi, 1 m. $\frac{2}{9}$ et le mercredi, 1 m. $\frac{2}{5}$: combien a-t-il fait de mètres de toile pendant ces trois jours ?

420. — Un marbrier emploie 4 ouvriers au carrelage d'une église; le 1er fait par jour 1 m² $\frac{2}{3}$; le 2e, 1 m² $\frac{3}{7}$; le 3e, 2 m² $\frac{1}{9}$ et le 4e, 1 m² $\frac{5}{6}$: combien ces quatre ouvriers font-ils de mètres carrés de carrelage par jour ?

421. — Un journalier a travaillé pour un propriétaire pendant 2 jours $\frac{3}{4}$, ensuite 4 jours $\frac{1}{2}$, puis 7 jours $\frac{1}{8}$ et 6 jours $\frac{2}{3}$: combien a-i-il travaillé de jours en tout ?

422. — Une crêmière reçoit chaque jour sa crême de 4 laitières: la 1re lui en fournit 8 litres $\frac{1}{4}$; la 2e, 9 litres $\frac{3}{5}$; la 3e, 14 litres $\frac{1}{6}$, et la 4e, 12 litres $\frac{1}{2}$: quelle est la quantité de crême reçue journellement par cette crêmière ?

423. — Un terrassier extrait 3 mètres cubes de terre en 9 heures; un autre, 5 mètres cubes en 16 heures, et un 3e, 4 mètres cubes en 12 heures ; quelle est la quantité de terre extraite par les trois terrassiers en une heure ?

424. — Un ouvrier moissonneur fauche 10 ares en 3 heures ; un autre, 45 ares en 15 heures ; un 3e, 18 ares en 6 heures ; et un 4e, 22 ares en 7 heures : combien ces quatre ouvriers réunis faucheront-ils d'ares pendant une heure?

Soustration des fractions.

425. — Un marchand a un coupon de toile de $\frac{3}{4}$ de mètre; il en vend $\frac{3}{7}$ de mètre. Que lui reste-il ?

426. — D'une pièce de drap de 36 m. $\frac{1}{4}$, on a enlevé 4 m. $\frac{1}{5}$, puis 5 m. $\frac{4}{7}$ et enfin 12 m. $\frac{7}{8}$: combien reste-t-il de mètres ?

427. — Un boulanger a une balle de farine pesant 120 Kg. ; il en prend pour une cuisson 45 Kg. $\frac{3}{4}$; pour une 2e cuisson 38 Kg. $\frac{4}{9}$: combien lui en restera-t-il pour la 3e cuisson ?

428. — D'une pièce de vinaigre contenant 228 litres, on a d'abord enlevé 13 litres $\frac{2}{3}$, puis 18 litres $\frac{5}{7}$, puis 16 litres $\frac{5}{12}$: combien reste-t-il de litres dans la pièce ?

429. — D'un foudre (1) de vin contenant 12 hectolitres, on a enlevé d'abord 2 hectolitres $\frac{1}{6}$, puis 3 hectolitres $\frac{4}{7}$, ensuite 2 hectolitres $\frac{3}{4}$, et enfin $\frac{2}{9}$ d'hectolitre : quelle quantité de vin reste-t-il dans le foudre?

430. — Un tailleur achète une pièce de velours d'une longueur de 14 mètres $\frac{1}{4}$; il en coupe 3 mètres $\frac{3}{9}$ pour un habillement complet, puis 1 m. $\frac{1}{5}$ pour un pantalon et 1 m. $\frac{4}{5}$ pour une redingote : que lui reste-t-il de son coupon ?

431. — Un ferblantier a 64 mètres $\frac{1}{6}$ de faîtières (2) à fournir : il en fournit une première fois 18 m. $\frac{3}{8}$, une seconde fois, 9 m. $\frac{5}{12}$, et une troisième fois, 14 m. $\frac{3}{7}$. Quelle longueur lui reste-t-il à fournir ?

432. — Un ouvrier a 27 mètres d'étoffe à faire en 5 jours, il en fait 4 m. $\frac{6}{7}$ le 1er jour, 3 m. $\frac{5}{9}$ le 2e jour, 3 m. $\frac{5}{6}$ le 3e jour, 4 m. $\frac{5}{12}$ le 4e jour ; que lui reste-t-il à faire le 5e jour ?

433. — Un maçon fait 7 mètres cubes de maçonnerie en 8 jours ; un autre maçon en fait 3 mètres cubes en 4 jours : quel est le plus habile et de combien par jour ?

434. — Un journalier gagne 45 francs en 25 jours ; un autre journalier gagne 18 francs en 15 jours : quel est celui qut gagne le plus par jour et combien ?

Multiplication des fractions.

435. — Que coûteront les $\frac{7}{8}$ d'un mètre de velours de soie à 15 francs le mètre ?

---

(1) Grand tonneau dont se servent les vignerons pour recueillir le vin à la vendange avant de le mettre en barriques.

(2) Tuile ou feuille de zinè recourbée pour couvrir le faîte des toits

436. — On paie 24 francs à un ouvrier pour faire un certain ouvrage ; il en fait les $\frac{4}{7}$: quelle somme a-t-il gagnée ?

437. — Il faut 2 heures $\frac{1}{5}$ à un tourneur en bois pour tourner un balustre (1) en chêne vieux ; combien lui faudra-t-il de temps pour tourner 28 balustres semblables ?

438. — Un menuisier emploie $\frac{1}{8}$ d'heure pour dresser un mètre de moulures : combien lui faudra-t-il de temps pour dresser 7 m. $\frac{3}{4}$ des mêmes moulures ?

439. — On a payé 4 francs $\frac{5}{6}$ pour un mètre d'étoffe : que paiera-t-on pour 18 m. $\frac{7}{12}$?

440. — Un maçon construit $\frac{5}{7}$ de mètre cube de maçonnerie par jour : combien en construira-t-il de mètres cubes en 4 jours $\frac{3}{4}$?

441. — Trois menuisiers ont acheté en commun un lot de planches valant 785 francs. Le 1er en prend les $\frac{3}{7}$; le 2e les $\frac{2}{9}$ et le 3e le reste : que doivent-ils payer chacun ?

442. — Un tailleur de pierres emploie $\frac{3}{4}$ d'heure pour dégrossir un mètre carré de pierre : combien lui faudra-t-il de jours pour en dégrossir 46 mètres carrés, sachant qu'il travaille 9 heures par jour et quel sera son gain journalier, chaque mètre carré lui étant payé 0 f. 25 ?

443. — Un cultivateur a une pièce de terre d'une contenance de 18 hectares ; il en ensemence les $\frac{3}{14}$ en froment, les $\frac{2}{9}$ en seigle et le reste en betteraves : quelle est la superficie occupée par chacune de ces trois cultures ?

---

(1) Petit pilier à hauteur d'appui ; une suite de balustres forme une balustrade.

444. — D'une pièce de drap de 28 mètres, on a enlevé les $\frac{2}{3}$ des $\frac{3}{4}$ et on a vendu le reste à 12 francs le mètre : dites le montant de cette vente ?

Division des fractions.

445. — Un maçon construit $\frac{3}{4}$ de mètre cube de maçonnerie par jour. Combien lui faudra-t-il de jours pour élever un bâtiment comprenant 186 mètres cubes de maçonnerie ?

446. — Il a fallu 8 hectolitres $\frac{5}{8}$ de chaux pour chauler (1) 20 ares de terrain : quelle quantité en faut-il par are ?

447. — En 1 heure $\frac{3}{4}$ un polisseur de marbre a poli $\frac{4}{7}$ de mètre linéaire de plinthes (2) : combien en polira-t-il de mètres en 8 heures $\frac{1}{2}$?

448. — Les $\frac{9}{17}$ d'une pièce d'étoffe ont coûté 27 francs : combien doit-on payer le reste de la pièce ?

449. — Un maçon fait $\frac{6}{7}$ de mètre cube de maçonnerie par jour : combien emploiera-t-il de jours pour construire un mur ayant 12 m. 45 de longueur, 1 m. 85 de hauteur et 0 m. 45 d'épaisseur ?

450. — En $\frac{3}{4}$ de jour un ouvrier fait les $\frac{3}{5}$ de son ouvrage : combien lui faudra-t-il de temps pour l'achever ?

451. — En $\frac{3}{4}$ de jour un maçon a construit les $\frac{5}{7}$ d'un mètre cube de maçonnerie : combien construira-t-il de mètres cubes en une semaine ?

---

(1) Répandre de la chaux sur la terre pour l'ameublir, l'échauffer et détruire les mauvaises herbes.

(2) Bande que l'on met au bas d'un mur ou à la base d'une colonne : dans ce dernier cas elle s'appelle aussi socle.

452. — En $\frac{5}{8}$ d'heure, un tailleur de pierres a bouchardé (1) 76 décimètres carrés de pierre de taille : combien en bouchardera-t-il de mètres carrés dans une journée de travail de 11 heures ?

453. — Les $\frac{2}{9}$ d'un mètre de drap ont coûté 5 francs $\frac{2}{3}$: que coûtera le drap nécessaire à la confection d'un pantalon, s'il en faut 1 m. $\frac{2}{5}$?

454. — Pour 8 $\frac{1}{2}$ f. on a eu les $\frac{7}{8}$ d'un mètre de drap : combien coûte le mètre ?

36me LEÇON.

Règle de Trois simple.

304. La *règle de trois simple* a pour but, connaissant *trois quantités*, d'en déterminer une *quatrième inconnue*.

Il faut que, dans les trois quantités connues, l'une d'elles soit de *même espèce* que l'*inconnue*.

305. Les règles de trois peuvent se résoudre par les *proportions*, ou par la *méthode de la réduction à l'unité*.

Nous ne nous occuperons que de cette dernière.

1re Exemple. — 12 mètres d'étoffe ont coûté 36 francs: combien coûteront 7 mètres de la même étoffe ?

(1) Tailler les pierres avec la boucharde, sorte de marteau à tête découpée en pointes disposées en damier.

Solution.

Si 12 mètres ont coûté 36 francs,

1 mètre coûtera 12 fois moins ou $\frac{36}{12}$

et 7 mètres coûteront 7 fois plus ou $\frac{36 \times 7}{12} = 21$ francs.

2e Exemple. — 8 ouvriers ont employé 24 jours pour faire un ouvrage : combien de jours emploieront 12 ouvriers pour faire le même ouvrage ?

Solution.

Si 8 ouvriers ont employé 24 jours,

1 ouvrier emploiera 8 fois plus de temps ou 24×8

et 12 ouvriers emploieront 12 fois moins de temps ou $\frac{24 \times 8}{12}$ $= 16$ jours.

Règle de Trois composée.

306. La règle de trois composée n'est qu'une suite de règles de trois simples.

Exemple. — 4 ouvriers, travaillant 9 heures par jour, ont employé 8 jours pour exécuter un certain travail : combien 6 ouvriers, travaillant 12 heures par jour, emploieraient-ils de temps pour faire le même ouvrage ?

Solution.

Si 4 ouvriers, travaillant 9 heures par jour, ont employé 8 jours,

1 ouvrier travaillant, 9 heures par jour, emploierait 4 fois plus de temps ou 8×4;

1 ouvrier, travaillant 1 heure par jour, emploierait 9 fois plus de temps ou $8 \times 4 \times 9$;

6 ouvriers, travaillant 1 heure par jour, emploieraient 6 fois moins de temps ou $\frac{8 \times 4 \times 9}{6}$,

Et 6 ouvriers, travaillant 12 heures, emploieraient 12 fois moins de temps ou $\frac{8 \times 4 \times 9}{6 \times 12} = 4$ jours,

36e QUESTIONNAIRE.

304. Quel est le but de la règle de trois simple ? — 305. Comment peuvent se résoudre les règles de trois ? — 306. Qu'est-ce que la règle de trois composée ?

Problèmes sur la Règle de Trois simple.

455. — On a payé 36 francs pour 6 mètres de drap : que paiera-t-on pour 12 mètres du même drap ?

456. — Un ouvrier a reçu 33 f. pour 12 journées de travail : que gagne-t-il pendant un mois de travail de 25 jours ?

457. — Un cruchon de cognac contenant 16 litres a été payé 48 f.: combien paiera-t-on un autre cruchon de 12 litres ?

458. — Une ménagère a acheté 18 litres de haricots pour 10 f. 80 : combien en aura-t-elle de litres pour 4 f. 95 ?

459. — L'hectolitre de blé coûtant 18 f. 50 et pesant 76 Kg., on demande la valeur de 456 Kg. de ce blé ?

460. — Un ouvrier a employé 15 jours pour faire 45 mètres d'ouvrage : combien lui faudra-t-il de jours pour faire 75 mètres du même ouvrage ?

461. — Une locomotive parcourt 48 lieues en 6 heures : combien lui faudra-t-il de temps pour parcourir 114 lieues ?

462. — Un maçon a employé 24 jours pour construire 18 mètres cubes de maçonnerie : combien lui faudra-t-il de jours pour élever un mur cubant 72 mètres³ ?

463. — Une ménagère a acheté 18 litres de haricots pour 7 f. 20 : combien en aura-t-elle de litres pour 2 f. 70 c. ?

464. — 32 ouvriers ont fait 124 mètres d'ouvrage : combien 21 ouvriers feront-ils de mètres du même ouvrage ?

465. — Un ouvrier, en 6 jours, a battu 480 gerbes de blé : combien lui faudra-t-il de jours pour battre la récolte entière d'un fermier, se composant de 2240 gerbes ?

466. — La mesure de lait de 5 décilitres vaut 0 f. 12 ; quel sera le produit de la vente de 4 doubles-décalitres ?

467. — Une marchandise achetée 118 francs est revendue 132 francs : combien gagne-t-on pour cent sur le prix d'achat ?

468. — On a payé 36 f. 75 un tas de bois de 18 stères : combien paiera-t-on un autre tas de 9 demi-décastères ?

469. — En moyenne, 100 Kg. d'avoine en grain donnent 160 Kg. de paille : quel est le produit en paille d'un champ qui a donné 36 hectolitres d'avoine pesant 45 Kg. chacun ?

470. — Pour la culture du froment, il faut 300 Kg. de guano pour fumer un hectare . quelle sera la quantité nécessaire pour fumer un champ de 65 ares ?

471. — On a payé 45 f. pour 18 mètres de toile : combien paiera-t-on la toile nécessaire pour faire une douzaine de chemises, s'il en faut 3 mètres pour chaque chemise ?

472. — 15 ouvriers ont construit un aqueduc en 18 jours : combien de jours auraient employés 9 ouvriers ?

473. — 100 Kg. de graine de lin rendent en moyenne 19 Kg. d'huile : quel sera le rendement en huile d'un champ de lin de 2 Ha. 45, sachant que l'hectare produit en moyenne 530 Kg.

474. — Un marbrier a employé 8 heures pour tailler les joints de 36 carreaux en marbre : combien emploierait-il de journées de 10 heures pour tailler 270 carreaux de même façon ?

Problèmes sur la Règle de Trois composée.

475. — 6 ouvriers ont employé 9 jours pour curer 3 Km. de fossé : combien faudra-t-il de jours à 4 ouvriers pour en curer 1800 mètres ?

476. — 6 ouvriers travaillant 12 heures par jour ont battu en 5 jours 288 gerbes de blé. Combien faudra-t-il de jours à 5 ouvriers travaillant 10 heures par jour pour battre 7200 gerbes ?

477. — Un cultivateur a employé 10 heures avec un attelage pour labourer 36 ares de terre à 0 m. 20 de profondeur : combien lui faudra-t-il d'heures pour labourer un champ d'une superficie de 1 Ha. 08 ares à 0 m. 53 centimètres de profondeur ?

478. — On veut vider une citerne d'une profondeur de 2 m. 65 ; un ouvrier en épuiserait une hauteur de 0 m. 55 en 2 heures : combien faudra-t-il d'heures à 3 ouvriers pour vider la citerne ?

479. — 18 moissonneurs travaillant pendant 15 jours et 12 heures par jour, ont gagné 324 f. : combien 24 moissonneurs, travaillant pendant 12 jours et 10 heures par jour, gagneront-ils ?

480. — Un entrepreneur a 4364 m³ de déblais à enlever ; 15 ouvriers peuvent en enlever 675 m³ en 15 jours. Dans combien de jours l'entreprise sera-t-elle terminée s'il y emploie 18 ouvriers ?

481. — Pour bêcher un jardin de 48 mètres de longueur sur 26 m. de largeur, un ouvrier a employé 12 jours : combien ce même ouvrier emploierait-il de jours pour bêcher un autre jardin d'une superficie de 6 ares 75 c. ?

482. — 8 scieurs de long, travaillant 12 heures par jour, ont employé 16 jours pour scier 180 traits de bois blanc : deux d'entre eux étant tombés malades, combien les autres emploieront-ils de temps pour achever l'entreprise, sachant qu'ils ont 540 traits à scier en tout ?

483. — Un jardinier a bêché en 8 jours 6 ares 25 d'un jardin qui a 38 m. 75 de longueur et 29 m. 40 de largeur : combien lui faudra-t-il de jours pour bêcher le reste de ce jardin, s'il travaille alors 10 heures par jour ?

484. — 18 ouvriers ont employé 6 jours pour curer 39 ares 56 d'un étang ; comme on ne peut maintenir cet étang à sec que pendant 12 jours, combien devra-t-on ajouter d'ouvriers aux premiers pour que le curage soit terminé en temps utile, la contenance totale de l'étang étant 1 Ha. 18 a. 68 c. ?

37me LEÇON.

Règle d'Intérêt.

307. On appelle *intérêt* le bénéfice qu'on réalise sur une *somme prêtée*.

308. L'intérêt est dit *simple* ou *composé*.

309. L'intérêt est simple lorsqu'*il ne s'ajoute pas* à la somme prêtée *pour porter lui-même intérêt*.

310. La somme prêtée s'appelle *capital*.

311. Dans l'intérêt *composé*, à chaque échéance, on capitalise les intérêts réalisés, c'est-à-dire qu'*on les ajoute au capital pour produire eux-mêmes intérêt*.

312. Le *taux* est l'intérêt de *cent* francs placés pendant *un an.*

313. Le montant des intérêts d'un capital dépend de trois choses :

1° De la *quotité* du capital ;

2° Du *taux* auquel l'argent est prêté ;

3° Du *temps* pendant lequel l'argent est placé.

314. Dans la résolution des règles d'intérêt, on peut avoir à déterminer quatre choses : *l'intérêt, le capital, le taux et le temps.*

315. Nous ne nous occuperons que du 1er cas, les trois autres ayant peu d'applications.

316. La loi a déterminé un *taux maximum* qui ne peut-être dépassé sans être taxé d'usure.

317. L'intérêt légal ne peut dépasser 5 pour 100 pour les prêts hypothécaires, et 6 pour 100 pour les prêts de commerce.

318. **Règle.** — *Pour trouver l'intérêt d'une somme d'argent pendant un certain temps, il faut multiplier le capital par le taux et par le temps, et diviser le produit par cent.* (1)

---

319. (1) Quand le temps est exprimé en mois il est toujours représenté par une fraction ayant le nombre de mois pour numérateur et 12 pour dénominateur. Si le temps est exprimé en jours, il est toujours représenté par une fraction ayant le nombre de jours pour numérateur et 360 pour dénominateur.

37e QUESTIONNAIRE.

307. Qu'appelle-t-on intérêt ? — 308. Quelles sont les deux espèces d'intérêts ? — 309. Qu'est-ce que l'intérêt simple ? — 310. Qu'est-ce que le capital ? — 311. Qu'est-ce que l'intérêt composé ? — 312. Qu'est-ce que le taux ? — 313. De quoi dépend le montant des intérêts d'un capital ? — 314. Que peut-on avoir à déterminer dans la résolution des règles d'intérêt ? — 315. Quel est le cas le plus employé ? — 316. Qu'a déterminé la loi en ce qui concerne le taux ? — 317. Quel est le maximum de l'intérêt légal ? — 318. Comment trouve-t-on l'intérêt d'une somme d'argent placée pendant un certain temps ? — 319. Que fait-on si le temps est exprimé en mois ou en jours ?

38me LEÇON.

Règle d'Escompte.

320. On appelle *escompte* d'un billet la retenue que l'on fait sur ce billet payé avant son *échéance*.

321. Il y a deux espèces d'escomptes ; l'*escompte en dedans* et l'*escompte en dehors*.

322. L'escompte *en dedans* est la différence qui existe entre la somme énoncée dans le billet, et la valeur de ce billet à l'époque du paiement avant l'échéance.

323. Le montant du billet est alors considéré comme un capital augmenté de ses intérêts. Cet escompte n'est pas usité en France.

324. L'escompte *en dehors*, aussi appelé escompte *commerial*, est l'intérêt simple de la somme énoncée dans le billet, depuis l'époque de l'avance du paiement jusqu'à l'écéhance.

325. Le taux de l'escompte varie comme le taux de l'intérêt.

Nous ne parlerons pas de l'escompte en dedans.

326. L'escompte en dehors étant la même chose que l'intérêt simple, tous les cas de la règle d'escompte se résolvent comme ceux de la règle d'intérêt.

327. L'intérêt s'ajoute au capital, tandis que l'escompte s'en retranche.

328. **Nota.** — Outre l'escompte, les banquiers perçoivent encore les taxes suivantes :

1° *Le change ;*

2° *La commission ;*

3° *Les frais d'acception, lettres, etc.*

1er Exemple. — On a placé un capital de 2500 francs au taux de 5 pour 100 par an. Déterminer l'intérêt pour un an ?

Solution.

Si 100 francs, placés pendant 1 an, rapportent 5 f· d'intérêt,
1 franc, placé pendant un 1 an, rapporte 100 fois moins ou $\frac{5}{100}$,

Et 2500 francs, placés pendant 1 an, rapportent 2500 fois plus ou $\frac{5 \times 2500}{100} = 125$ f. d'intérêt.

2e Exemple. — Une personne place une somme de 42350 francs pendant 5 ans au taux de 4 pour cent par an : combien retirera-t-elle d'intérêt à la fin de ces 5 années ?

Solution.

Si 100 francs, placés pendant 1 an, rapportent 4 f. d'intérêt,

1 franc, placé pendant 1 an, rapporte 100 fois moins ou $\frac{4}{100}$;

42350 francs, placés pendant 1 an, rapportent 42350 fois plus ou $\frac{4 \times 42350}{100}$;

42350 francs, placés pendant 5 ans, rapportent 5 fois plus ou $\frac{4 \times 42350 \times 5}{100} = 8450$ f. d'intérêt.

3e Exemple. — On a placé pendant 9 mois, à intérêt simple, une somme de 650 francs, au taux de 5 pour 100 par an. Combien retirera-t-on d'intérêt.

Solution.

Si 100 francs, placés pendant 12 mois, rapportent 5 f. d'intérêt,

1 franc, placé pendant 12 mois, rapporte 100 fois moins ou $\frac{5}{100}$;

1 franc, placé pendant 1 mois, rapporte 12 fois moins ou $\frac{5}{100 \times 12}$;

650 francs, placés pendant 1 mois, rapportent 650 f. plus ou $\frac{5 \times 650}{100 \times 12}$

650 francs, placés pendant 9 mois, rapportent 9 fois plus ou $\frac{5 \times 650 \times 9}{100 \times 12} = 24$ f. 37 d'intérêt.

4e Exemple. — Une personne a placé pendant 4 ans 5 mois une somme de 4500 francs, au taux de 4 pour 100 par an : quel bénéfice réalisera-t-elle au bout de ce temps ?

Solution.

Si 100 francs, placés pendant 1 an ou 12 mois, produisent 4 f. d'escompte,

1 franc, placé pendant 1 an ou 12 mois, produit 100 fois moins ou $\frac{4}{100}$;

1 franc, placé pendant 1 mois, produit 12 fois moins ou $\frac{4}{100 \times 12}$;

4500 fancs, placés pendant 1 mois, produisent 4500 fois plus ou $\frac{4 \times 4500}{100 \times 12}$;

Et 4500 francs, placés pendant 4 ans 5 mois ou 53 mois, produisent 53 fois plus ou $\frac{4 \times 4500 \times 53}{100 \times 12} = 795$ f. d'intérêt.

Exemple d'une Règle d'escompte.

Un marchand de drap achète 8 pièces de drap de Sedan, contenant chacune 36 mètres à 12 francs le mètre, payables au bout de 6 mois. Il paie 2 mois après l'achat et obtient ainsi un escompte de 6 pour 100 par an. Que doit-il débourser?

Solution.

1 pièce de drap contenant 36 mètres, les 8 pièces contiennent 8 fois plus ou $36 \times 8 = 288$ mètres.

Le prix d'achat de ce drap est de $12 \times 288 = 3456$ francs.

Ces 3456 francs sont payables dans les 6 mois; mais il paie 2 mois après l'achat, c'est-à-dire 4 mois avant l'échéance. Il a donc droit à l'escompte de 3456 francs pendant 4 mois, au taux de 6 pour 100 par an.

Cherchons cet escompte :

Si 100 francs, pendant 1 an ou 12 mois, produisent 6 francs d'escompte,

1 franc, pendant 1 an ou 12 mois, produit 100 fois moins ou $\frac{6}{100}$;

1 franc, pendant 1 mois, produit 12 fois moins ou $\frac{6}{100 \times 12}$

3456 francs, pendant 1 mois, produisent 3456 fois plus ou $\frac{6 \times 3456}{100 \times 12}$;

Et 3456 francs, pendant 4 mois, produisent 4 fois plus ou $\frac{6 \times 3456 \times 4}{100 \times 12} = 69$ f. 12 d'escompte.

Le marchand doit donc débourser 3456 f. — 69 f. 12 = 3386 f. 88 c.

38e QUESTIONNAIRE.

320. Qu'appelle-t-on escompte ? — 321. Combien y-a-t-il d'espèces d'escomptes ? — 322. Qu'est-ce que l'escompte en dedans ? — 323. Comment est considéré le montant du billet dans l'escompte en dedans ? — 324. Qu'est-ce que l'escompte en dehors ? — 325. Comment varie le taux de l'escompte ? — 326. Comment se résolvent tous les cas de la règle d'escompte ? — 327. Quelle différence y-a-t-il entre l'intérêt et l'escompte ? — 328. Les banquiers perçoivent-ils seulement l'escompte ?

Problèmes sur les Règles d'Intérêt et d'Escompte.

485. — Quel est l'intérêt d'un capital de 2545 francs placé pendant 3 ans 5 mois, au taux de 3 f. 75 pour 0[0 ?

486. — Quel est l'intérêt d'un capital de 5045 francs placé pendant 2 ans 3 mois, au taux de 4 1[2 p. 0[0 ?

487. — Un commerçant emprunte une somme de 3960 francs à 6 p. 0[0 ; il rembourse cet emprunt au bout de 10 mois 18 jours. Quelle somme a touchée le créancier ?

488. — Un cultivateur achète sur pied une récolte d'avoine de 75 ares 35 centiares au prix de 3 f. 65 l'are ; il paie le montant de cette acquisition au bout de 7 mois avec les intérêts au taux de 4 f. 50 p. 0[0 : que doit-il débourser ?

489. — Un marbrier a fourni 80 mètres carrés de carrelage mosaïque riche à 24 f. 50 le mètre carré. Il place à 5 f. 25 p. 0[0 la somme qu'il reçoit pour cette fourniture. Quel intérêt lui rapportera-t-elle en 8 ans 5 mois ?

490. — Un entrepreneur achète 150000 briques à 12 f. 65 le 1000 ; il paie le montant de cette acquisition au bout de 17 mois, avec les intérêts au taux de 3 f. 75 : que devra-t-il débourser ?

491. — Un menuisier a fourni 56 mètres carrés de plancher en sapin rouge du nord à 3 f. 70 le mètre carré, payables à 3 mois; l'acheteur ne paie qu'au bout de 7 mois 18 jours : quelle somme doit toucher le menuisier en tenant compte des intérêts au taux de 6 pour cent pour le retard de paiement ?

492. — Un boulanger achète 45 balles de farine à 48 f. l'une, payables à 90 jours; il ne paie que 9 mois 14 jours après l'achat : que doit-il débourser alors, en tenant compte de l'intérêt au taux de 5 pour 0[0 ?

493. — Un charron achète 18 paires de ridelles à 16 f. 45 la paire ; il emprunte la somme nécessaire à cette acquisition au taux de 5 p. 0[0 et il la rembourse avec les intérêts au bout de 8 mois ; quel est le montant de ce remboursement ?

494. — Un cultivateur a acheté une prairie de 1 hectare 35 ares à 45 f. l'are, à condition d'en payer le prix au bout de 6 mois. A l'époque fixée pour le paiement, le cultivateur ne peut donner que 4000 f. et il ne rembourse le reste qu'au bout de 17 mois : que doit-il payer, capital et intérêts compris, au taux de 5 p. 0[0 ?

495. — Un commerçant présente à l'escompte, le 4 janvier 1873, un billet de 2745 f. payable le 18 avril suivant. Quelle somme lui remettra le banquier, le taux de l'escompte étant 6 p. 0[0, et la commission 0 f. 50 p. 0[0 ?

496. — Un marchand de toile achète, le 17 février, 8 pièces de toile de chacune 48 m. à 2 f. 45 le m. payables à 6 mois, mais avec la faculté d'avancer le terme du paiement en bénéficiant d'un escompte de 6 p. 0[0 par an. Il paie le montant de cette acquisition le 7 mars suivant : que doit-il débourser ?

497. — On offre à un ouvrier 5 Hl. de blé à 26 f. l'Hl. payables comptant, ou à 27 f. payables à 6 mois ; cet ouvrier a de l'argent placé à la caisse d'épargne, au taux de 3 f. 50 p. 0[0 : Est-il plus avantageux pour lui de retirer la somme convenable pour ce paiement, ou de ne le faire qu'à 6 mois ?

498. — Un marchand de chevaux en a vendu 140 à 750 l'un ; l'acheteur lui donne en paiement un billet à ordre payable le 25 décembre ; le porteur du billet présente ce billet à l'escompte le 7 juin : Quelle somme touchera-t-il ? (On sait que le taux de l'escompte est 6 p. 0[0 et la commission 0 f. 55 p. 0[0).

499. — Un marchand de nouveautés achète 4 pièces de drap mesurant chacune 28 mètres 35, à 12 f. 75 le m. ; il obtient un escompte de 3 p. 0[0 en payant comptant : que doit-il débourser ?

500. — Un sabotier a acheté 48 bouleaux valant 12 f. 75 chacun ; il est convenu de ne payer le montant de cette acquisition que dans un an, en tenant compte des intérêts au taux de 4 f. 50 p. 0[0. Que doit-il payer, capital et intérêts compris ?

501. — Un marbrier a entrepris le carrelage d'une église sur une superficie de 112 m² 50 à 18 f. le mètre carré au comptant. Il n'est payé qu'au bout de 90 jours ; mais on lui tient compte des intérêts à 4 1[2 pour 0[0. Quelle somme a-t-il reçue ?

502. — Un cordonnier a acheté 7 cuirs de vache pesant chacun 14 Kg. 75 à 4 f. 25 le Kg., payables à 3 mois ; s'il ne peut payer qu'au bout de 7 mois 15 jours, que devra-t-il débourser en tenant compte de l'intérêt à 6 p. 0[0 pour le retard de paiement ?

503. — Un bûcheron a vendu 2450 fascines à 17 f. 75 le 100 au comptant, et avec intérêts à 5 p. 0[0 par an en cas de retard de paiement. L'acheteur paie au bout de 48 mois 18 jours ; que doit-il débourser pour s'acquitter ?

504. — Un marchand de chicorée en vend 18 caisses de chacune 12 Kg. à 0 f. 45 le Kg., au comptant. L'acheteur ne le paie qu'au bout de 4 mois 16 jours, en lui tenant compte des intérêts à 5 p. 0[0 par an. Quelle somme doit-il payer au marchand, capital et intérêts compris ?

505. — Un propriétaire vend ses propriétés comme suit : 32 hectares de terre labourable à 18 f. 90 l'are ; 12 hectares 6 ares de pré à 3910 f. l'hectare ; et enfin 2 hectares 7 ares de bois à 1125 f. l'hectare. Il place son argent à 4 f. 50 p. 0[0. On demande la rente annuelle de ce propriétaire ?

506. — Un journalier a acheté la récolte d'un champ de blé d'une contenance de 19 ares 45 au prix de 5 f. 25 l'are, payables à 6 mois, avec intérêt de 4 f. 50 p. 0[0 par an en cas de retard de paiement. Il ne peut payer qu'au bout de 11 mois ; que doit-il débourser ?

507. — Un commerçant présente à l'escompte, le 4 janvier, un billet de 1576 f., payable le 19 août suivant. L'escompte étant au taux de 6 p. 0|0, que recevra le commerçant ?

508. — Un marchand de nouveautés a acheté, le 1er janvier, 4 pièces de drap marron de chacune 38 mètres à 19 f. 45 le mètre, payables à 3 mois, sauf à tenir compte des intérêts à 6 p. 0|0 par an en cas de retard de paiement. Le marchand paie le 9 août suivant : quelle somme doit-il débourser ?

509. — Un marbrier a vendu 37 m^2 de marbre à 15 f. 75 le m^2; combien a-t-il dû recevoir, s'il a été payé 5 mois 14 jours avant le terme fixé et s'il accorde un escompte de 5 pour 0|0 par an ?

510. — Un ferblantier a acheté 3 douzaines de seaux à 3 f. 25 la pièce; il doit payer le montant de cette acquisition au bout de 8 mois; mais voulant bénéficier d'un escompte de 6 p. 0|0 par an, il paie 5 mois avant le terme. Quelle somme versera le ferblantier ?

511. — Un cultivateur, qui désire renouveler ses semences de céréales emprunte à cet effet une somme de 375 f. au taux de 4 f. 50. Il rend cette somme avec les intérêts à la récolte, c'est-à-dire 11 mois après, le blé valant alors 18 f. l'hectolitre, combien devra-t-il en vendre d'hectolitres pour s'acquitter ?

512. — Un négociant veut acheter 8 balles de café pesant chacune 55 Kg. On lui offre ce café à 2 f. 15 le Kg. au comptant, ou à 2 f. 25 le Kg. payable à 3 mois. Quel est le parti le plus avantageux et quel bénéfice lui procurera-t-il, en comptant l'intérêt à 6 p. 0|0 par an ?

513. — Un marchand de bois a acheté 34700 perches à 38 f. le cent, payables à 9 mois, mais avec la faculté d'avancer le terme du paiement en bénéficiant d'un escompte de 6 p. 0|0 par an : le marchand paie les $\frac{3}{7}$ de l'acquisition au comptant, les $\frac{3}{9}$ au bout de 4 mois, et le reste à 6 mois. Quelle a été la valeur de chaque paiement ?

39me LEÇON.

Caisse d'Épargne.

329. Le travail demeure stérile s'il n'est pas accompagné de l'économie. Il faut penser aux mauvais jours, à la maladie, aux chômages, enfin à la vieillesse.

330. Mais à qui confier ses épargnes, comment les faire fructifier ? — *Les caisses d'épargne offrent aux personnes laborieuses, un moyen sûr et facile de placer avantageusement leurs économies.*

331. Ces établissements ont été fondés, surtout en faveur des petits cultivateurs, des ouvriers, des artisans, des domestiques et généralement de toutes les personnes économes et industrieuses qui ne peuvent prélever sur leurs gains ou le produit de leur industrie que de très-faibles sommes à la fois.

332. Voici comment fonctionnent ces utiles institutions :

« Chaque déposant reçoit gratuitement un *livret* numéroté, portant » ses nom, prénoms, âge, profession et demeure. Ce livret est destiné » à recevoir l'inscription de toutes les sommes qu'il versera ou qu'il » retirera successivement. » L'*intérêt* servi par la caisse d'épargne est de quatre pour cent l'an (1). Il commence à courir huit jours après le dépôt et cesse huit jours avant celui fixé pour le retrait. Tous les ans, au 1er janvier les intérêts sont capitalisés (311). Le *minimun* des versements est 1 f.; le *maximun* par semaine est de 300 francs,

(1) Dans les caisses non subventionnées, cet intérêt est ramené à 3 et demi pour cent parce qu'on prélève un demi pour cent pour frais d'administration de la caisse.

Les dépôts ne peuvent *dépasser* 1000 f., capital et intérêts compris. Lorsque, dans le délai de trois mois, le déposant n'a pas réduit son crédit au-dessous de cette somme, l'administration de la caisse achète pour son compte une rente de dix francs sur l'Etat.

Les déposants ont le droit d'obtenir le *transfert* de leur crédit d'une caisse à une autre désignée par eux ; mais le transfert n'est possible que pour la totalité du crédit. Les *remboursements* sont, au gré des déposants, de la totalité de leur avoir, y compris les intérêts acquis, ou de telle quantité qui leur convient.

39e QUESTIONNAIRE.

329. Le travail seul peut-il procurer l'aisance et assurer l'avenir? — 330. Où peut-on placer avantageusement ses économies ? — 331. Pour qui surtout ont été fondées les caisses d'épargne ? — 332. Expliquez le fonctionnement de ces utiles institutions ?

Sociétés de secours mutuels.

Après les caisses d'épargne, les institutions les plus utiles aux classes laborieuses sont les sociétés de secours mutuels.

Outre différents avantages particuliers offerts à leurs membres et qui varient avec les besoins locaux et les différentes sociétés, ces institutions prévoyantes ont principalement pour but :

1° De donner les soins du médecin et les médicaments aux sociétaires malades ;

2° De leur payer une indemnité pendant le temps de leurs maladies ;

3° De pourvoir aux frais de leurs funérailles (1). N'est-ce pas

---

(1) Lorsque les fonds disponibles dans la caisse de la société le le permettent, des pensions de retraite peuvent être accordées aux sociétaires à qui leur âge ou leurs infirmités ne permettent plus de travailler.

là parer aux conséquences désastreuses de la maladie, ce terrible fléau de la classe ouvrière qui, non-content d'apporter la douleur et le deuil dans les familles, y laisse encore souvent en se retirant la misère et la ruine ?

En effet, si un ouvrier qui n'a que ses bras pour vivre et dont l'existence précaire dépend uniquement de sa santé et de son travail, a pu réaliser quelques économies, il suffit de deux ou trois semaines de maladie pour engloutir son petit pécule si péniblement amassé ; et souvent, malgré ce sacrifice, il restera endetté et n'aura pu qu'imparfaitement se soigner, faute de ressources suffisantes pour se procurer les soins du médecin et les médicaments nécessaires à sa guérison.

Chaque membre paie une cotisation mensuelle qui varie de 0 f. 75 c. à 1 f. 75 c. et perçoit, en cas de maladie, un secours de 1 f. à 2 f. 50 par jour.

On comprend facilement tous les avantages de ce mode mutuel d'assistance, bien préférable à tout autre, car il ne peut jamais avoir le caractère humiliant de l'aumône, puisque chaque membre, en versant tous les mois sa cotisation, amasse lui-même le capital qui peut lui venir en aide en cas de maladie.

D'un autre côté, le titre de membre honoraire de la société fournit aux personnes aisées une occasion aussi facile que peu coûteuse de venir en aide à la classe ouvrière.

Table indiquant la Valeur de 1 franc, placé à la Caisse d'Épargne, au bout d'un an, de deux ans . . . . de vingt ans.

ANNÉES.	1 FRANC à 3 pour cent.	1 FRANC à 3 1/2 pour cent	1 FRANC à 4 pour cent.	ANNÉES.	1 FRANC à 3 pour cent.	1 FRANC à 3 1/2 pour cent	1 FRANC à 4 pour cent.
1	1,0300	1,0350	1,0400	11	1,3842	1,4600(1)	1,5394
2	1,0609	1,0712	1,0816	12	1,4258(1)	1,5111(1)	1,6010
3	1,0927	1,1087	1,1249(1)	13	1,4685	1,5639	1,6651(1)
4	1,1255	1,1475	1,1699(1)	14	1,5126(1)	1,6187(1)	1,7317(1)
5	1,1593(1)	1,1877(1)	1,2165	15	1,5580(1)	1,6753	1,8009
6	1,1940	1,2292	1,2653	16	1,6047	1,7340(1)	1,8730(1)
7	1,2299(1)	1,2723(1)	1,3159	17	1,6528	1,7947(1)	1,9479
8	1,2668(1)	1,3168	1,3686(1)	18	1,7024	1,8575(1)	2,0258
9	1,3048(1)	1,3629(1)	1,4233	19	1,7535	1,9225	2,1068
10	1,3439	1,4106(1)	1,4802	20	1,8061	1,9898(1)	2,1911

(1) Lorsque la cinquième décimale surpasse 5, on a augmenté la quatrième de 1.

A l'aide de la table ci-contre, l'élève pourra résoudre tous les problèmes d'intérêt composé qui suivent :

Exemple. — A combien s'élèvent, au bout de quatre ans, les économies d'un ouvrier qui dépose chaque année 80 francs à la caisse d'épargne ? (A 4 p. 0|0).

Raisonnement. — Il est évident que les économies de cet ouvrier se composent du montant de chaque versement, augmenté de ses intérêts composés (311), pendant le temps qu'il est resté placé. Nous voyons, par le tableau qui précède, que 1 f., au bout d'un an, devient 1 f. 04 ; 80 f. deviennent donc 1 f. 04 × 80 = 83 f. 20 ; 1 f., au bout de deux ans, devenant 1 f. 0816, 80 f. deviennent 1 f. 0816 × 80 = 86 f. 52 ; 1 f., au bout de trois ans devient 1 f. 1249 ; 80 f. deviennent donc 1 f. 1249 × 80 = 89 f. 99. Enfin, 1 f. au bout de quatre ans, devenant 1 f. 1699, 80 f. deviennent 1 f. 1699 × 80 = 93 f. 59. Les économies s'élèvent donc à 83 f. 20 + 86 f. 52 + 89 f. 99 + 93 f. 59 = 353 f. 30.

Dans la pratique, on pourrait se contenter d'indiquer les calculs comme ci-dessous :

Les économies de la 4e année deviennent au bout de 1 an	1,1699×80=93,50 ;
Les économies de la 3e année deviennent au bout de 2 ans	1,1249×80=89,99 ;
Les économies de la 2e année deviennent au bout de 3 ans	1,0816×80=86,52 ;
Les économies de la 1re année deviennent au bout de 4 ans	1,04×80=83,20 ;
Les économies des quatre années s'élèvent à	353,31

Ou plus simplement encore : 1,1699 + 1,1249 + 1,0816 + 1,04 × 80 = 353 f. 31.

Problèmes sur les caisses d'épargne et les sociétés de secours mutuels.

514. — Un ouvrier mécanicien, marié, gagne 5 fr par jour; il dépense par mois 85 f. pour la nourriture et l'entretien de sa famille, et la location de son logement lui coûte 160 f. par an. Combien peut-il déposer chaque année à la caisse d'épargne, sachant qu'il travaille 295 jours par an?

515. — Trouvez, à l'aide du tableau qui précède, à quelle somme se monteront au bout de 3 ans, les économies du mécanicien du problème précédent. On suppose que l'intérêt servi par la caisse d'épargne est de 4 p. 0|0 par an?

516. — Un ouvrier dépose chaque année 135 f. à la caisse d'épargne : à combien se montera son avoir à ladite caissee au bout de 6 ans. (A 3 1|2 p. 0|0).

517. — Un ouvrier dépose le 1er mars, 85 f. à la caisse d'épargne. Il tombe malade et est forcé de retirer 50 f. le 8 septembre suivant. Etablissez son compte, à la caisse au 1er janvier? (A 3 1|2 p. 0|0).

518. — Un jeune homme veut renoncer à la mauvaise habitude du chômage du lundi : il économise ainsi d'abord 2 f. 75 du prix de sa journée, plus, en moyenne, 2 f. qu'il dépensait en boissons et autres frais pendant ce jour de chômage. Il place chaque année cette somme à la caisse d'épargne. Au bout de cinq ans, trouvant l'occasion d'acheter un petit fonds pour s'établir, il retire ses économies: quelle somme reçoit-il? (A 4 p. 0|0).

519. — Un petit commerçant prélève chaque année une somme de 100 f. sur ses bénéfices et place cet argent à la caisse d'épargne. Au bout de huit ans, il retire ce fonds de réserve pour placer un de ses enfants. A combien s'élève la somme qu'il reçoit? (A 3 1|2 p. 0|0).

520. — Un cultivateur dépose 175 f. par an à la caisse d'épargne. Au bout de 5 ans, il en retire la somme nécessaire pour acheter une parcelle de prairie de 15 ares de superficie à 55 f. l'are. Les années suivantes, il peut verser annuellement 200 f. Quel sera son avoir à la caisse d'épargne, trois ans après ? (On suppose le taux à 4 pour cent).

521. — Un employé veut renoncer à l'habitude qu'il a d'aller tous les jours au café et de fumer le cigare, et placer à la caisse d'épargne la somme qu'il économise ainsi. Il fumait en moyenne par jour 4 cigares à 0 f. 05 et payait au café 0 f. 25 de consommation. En admettant qu'il se permette le café et le cigare le dimanche seulement, quelle somme économisera-t-il par an ? Quel sera son avoir à la caisse d'épargne au bout de 5 ans ? (On suppose le taux de 4 pour cent).

522. — Un ouvrier, membre d'une société de secours mutuels, verse une cotisation mensuelle de 0 f. 75 : quel est son versement annuel ? Il tombe malade, et, pendant les 16 jours que dure sa maladie, il touche une indemnité de 1 f. par jour ; en outre, on peut supposer que les soins du médecin et les médicaments lui eussent coûté 20 f. Estimez en argent les avantages qu'il a retirés cette année comme membre d'une société de secours mutuels ?

523. — Un particulier, membre d'une société de secours mutuels, verse par mois une cotisation de 1 f. 50 et il doit recevoir, par jour de maladie, une indemnité de 1 f., les soins du médecin et les médicaments. Dans le courant de l'année il a été malade pendant 15 jours, sa femme pendant 7 jours et ses enfants pendant 15 jours. En estimant les soins du médecin et les médicaments à 2 f. par jour de maladie, quel avantage pécuniaire ce particulier a-t-il retiré comme membre de la société de secours mutuels ?

40me LEÇON.

Règle de Société.

333. La *règle de société* a pour but de partager le gain ou la perte d'une association entre les associés, proportionnellement à leur mise.

334. Il y a deux règles de société : la règle de société *simple* et la règle de société *composée.*

335. Dans la règle de société *simple*, toutes les mises des associés *restent placées pendant le même temps* et *sont soumises aux mêmes conditions* de perte ou de bénéfice.

336. Dans la règle de société *composée*, les mises des associés *restent placées pendant des temps différents* et *peuvent n'être pas soumises aux mêmes conditions de perte ou de gain.*

337. Toutes les opérations qui ont rapport aux règles de société peuvent se résoudre par les règles de *trois.*

Exemple de règle de société simple — Trois menuisiers se sont associés pour entreprendre la menuiserie d'un bâtiment qui leur a rapporté un bénéfice de 440 f.; le 1er y a contribué pour 475 f. ; le 2e pour 656 f. et le 3e pour 975 f. : quel est le gain de chaque associé ?

Solution.

Mise du 1er associé	475 f.;
— 2e —	656 f.;
— 3e — . . . . ,	975 f.;
Somme des mises	2106 f.

Si sur 2106 f., on gagne 440 f.,

sur 1 f. on gagne 2106 fois moins ou $\frac{440}{2106}$,

Sur 475 francs, (mise du 1er), on gagne 475 fois plus ou $\frac{440 \times 475}{2106} = 99$ f. 24,

Sur 656 francs, (mise du 2e), on gagne 656 fois plus ou $\frac{440 \times 656}{2106} = 137$ f. 06,

Et sur 975 francs, (mise du 3e), on gagne 975 fois plus ou $\frac{440 \times 975}{2106} = 203$ f. 70,

Gain du 1er	99 f. 24;
Gain du 2[e]	137 f. 06;
Gain du 3[e]	203 f. 70;
Somme égale au gain total. . .	440 f. 00.

Exemple de règle de société composée. — Trois faucheurs ont entrepris en société le fauchage d'une prairie pour laquelle on leur a payé 60 f. 20. Le 1er y a employé 6 jours de 12 heures; le 2e, 9 jours de 11 heures; le 3e, 13 jours de 10 heures. Quelle somme doit toucher chaque faucheur, proportionnellement à son travail ?

Solution.

Le 1er a employé	$12 \times 6 =$	72 heures;
Le 2e —	$11 \times 9 =$	99 heures;
Le 3e —	$10 \times 13 =$	130 heures;

Ils ont employé ensemble 301 heures.

Si, en 301 heures de travail, on gagne 60 f. 20,

En 1 heure, on gagne 301 fois moins ou $\frac{60 \text{ f. } 20}{301}$,

Et, en 72 heures, (temps employé par le 1er), on gagne 72 fois plus ou $\frac{60 \text{ f. } 20 \times 72}{301} = 14$ f. 40;

En 99 heures, (temps employé par le 2e), on gagnera 99 fois plus ou $\frac{60 \text{ f. } 20 \times 99}{301} = 19$ f. 80;

En 130 heures, (temps employé par le 3e), on gagnera $\frac{60 \text{ f. } 20 \times 120}{301} = 26$ f.;

Gain du 1er faucheur.	14 f. 40;
Gain du 2e faucheur	19 f. 80;
Gain du 3e faucheur	26 f. 00;
Gain total. . . .	60 f. 20.

40e QUESTIONNAIRE.

333. Quel est le but de la règle de société ? — 334. Combien y-a-il de règles de société ? — 335. En quoi consiste la règle de société simple ? — 336. En quoi consiste la règle de société composée ? — 337. Comment peuvent se résoudre toutes les règles de société ?

Problèmes sur la règle de société simple.

524. — Trois ouvriers ont acheté ensemble un porc pesant 48 Kg. 750 pour 78 f.; le 1er en prend 15 Kg.; le 2e 19 Kg. et le 3e le reste : combien chacun doit-il payer ?

525. — Quatre fermiers sesont associés pour reprendre un lot de moutons se composant de 265 têtes pour 3710 f. Le 1er prend 68 moutons; le 2e, 86; le 3e, 78, et le 4e, le reste : combien chacun doit-il débourser ?

526. — Trois compagnies de briquetiers sesont associées pour la fabrication d'une commande de 850000 briques ; la 1re se compose de 7 ouvriers ; la 2e de 9, et la 3e de 12 ; elles ont gagné 2450 f. : Quelle est la part de bénéfice revenant à chaque chef de compagnie ?

527. — Quatre petits cultivateurs ont loué en commun pour 87 f. une machine à battre ; le 1er s'en est servi pendant 3 jours ; le 2e, pendant 2 jours ; le 3e, pendant 5 jours et le 4e, pendant 7 jours : quelle est la part de location à payer par chacun ?

528. — Huit ouvriers ont entrepris le défrichement d'une lande pour 1800 f. Le 1er a défriché 85 ares 75 ; le 2e, 98 ares 75 ; le 3e, 105 ares 15 ; le 4e, 88 ares 45 ; le 5e, 109 ares ; le 6e, 89 ares 85 ; le 7e, 107 ares 09 et le 8e, 78 ares 37 : quelle somme revient-il à chaque ouvrier à proportion de son travail ?

529. — Trois ouvriers ont entrepris le curage d'un petit étang pour lequel on leur a payé 277 f. 75 ; le 1er y a travaillé pendant 28 jours ; le 2e, pendant 32 jours et le 3e, pendant 41 jours : combien chaque ouvrier doit-il toucher ?

530. — Trois terrassiers ont entrepris un remblai de 3745 mètres cubes pour 2996 f. ; le 1er a remblayé 1675 mètres cubes ; le 2e, 1480 m^3 et le 3e, le reste : quel est le gain de chaque terrassier proportionnellement au travail qu'il a exécuté ?

531. — Trois bouchers se sont associés pour l'achat de 7 bœufs qui leur coûtent 3500 f. ; le 1er a pris deux bœufs pesant ensemble 1275 Kg. ; le 2e en a pris trois pesant ensemble 1368 Kg. et le 3e a pris les deux autres dont le poids était de 1172 Kg. : quelle somme doit payer chaque boucher ?

532. — Trois associés ont mis dans une entreprise : le 1er, 300 f. ; le 2e, 700 f. ; le 3e, 500 f. Ils ont gagné 575 f. ; quelle est la part de gain de chaque associé ?

533. — Trois marchands quincailliers ont loué pendant un mois un wagon au chemin de fer pour le transport de leurs marchandises ; le 1er a transporté 128 quintaux ; le second, 186 quintaux et le 3e, 176 quintaux ; ils ont payé 288 francs à la compagnie du chemin de fer : quelle est la part de chaque marchand dans cette somme ?

Problèmes sur la règle de société composée.

534. — Quatre métayers ont loué en commun un pâturage pour 822 f. Le 1er y a mis 7 bœufs pendant 17 jours ; le 2e, 19 bœufs pendant 15 jours ; le 3e, 14 bœufs pendant 23 jours, et le 4e, 8 bœufs pendant 28 jours : que devra payer chaque métayer pour sa part de location ?

535. — Trois marbriers ont entrepris en commun le carrelage d'une église. Le 1er a fourni 48 mètres carrés de carreaux en marbre rouge à 14 f. 75 le mètre carré ; le 2e, 176 m^2 de carreaux en marbre de Cousolre à 8 f. 45 le mètre carré et le 3e, 48 m^2 de marbre noir à 16 f. 55 le mètre carré. Ils ont réalisé un bénéfice de 475 f. sur cette entreprise ; quelle sera la part de chaque associé ?

536. — Trois cultivateurs se sont associés pour l'exploitation d'une forêt à défricher ; le 1er y a employé 16 ouvriers pendant 47 jours à 2 f. 15 c. par jour ; le 2e y a mis 5 attelages de chacun 3 chevaux pendant 16 jours à raison de 3 f. par cheval et 2 f par conducteur par jour, enfin le 3e a livré pour l'ensemencement du terrain ; 1° 27 Hl. d'avoine à 12 f. 75 ; 2° 18 Hl. de froment à 19 f. 45 ; 3° 24 Hl. de seigle à 15 f. 35 ; 4° 7 journées d'ouvriers à 2 f. 15. Le bénéfice réalisé dans cette entreprise s'est élevé à 18000 f. Quelle sera la part de chaque associé proportionnellement à la dépense qu'il a faite ?

537. — Trois maîtres de carrières se sont associés pour frêter un bateau qui leur coûte 545 f. Le 1er y a chargé 320 quintaux

métriques de pierres à transporter à une distance de 36 Km.; le 2e 275 qm. à 48 Km., et le 3e 342 qm. à 87 Km. : que doit payer chaque associé ?

338. — Trois marbriers se sont associés pour acheter un lot de blocs de marbre de Carrare pour 3630 f. ; le 1er a pris un bloc de 1 m. 38 de long., 0 m. 65 de large. et 0 m. 48 de haut., puis un autre bloc de 1 m. 85 de long. sur 1 m. 12 de large. et 0 m. 65 de haut. Le 2e a eu 2 blocs de chacun 1 m. 68 de long. sur 0 m. 75 de large. et 0 m. 68 de hauteur. Le 3e a pris le reste du lot composé des 3 blocs suivants :

1er BLOC.	2e BLOC.	3e BLOC.
Longueur 1m62	Longueur 0m75	Longueur 0m88
Largeur 0m82	Largeur 0m65	Largeur 0m37
Hauteur 0m76	Hauteur 0m42	Hauteur 0m26

Que doit payer chaque marbrier ?

339. — Six ouvriers maçons ont entrepris en commun la construction de la maçonnerie d'un bâtiment comme suit : Le 1er a fait faire 1324 m³ de déblais et de remblais à 0 f. 90 le mètre cube ; le 2e 265 m³ de maçonnerie en mœllons à 7 f. 50 le m³ ; le 3e 37 m³ 500 de maçonnerie en pierres de taille à la boucharde à 40 f. le m³ ; le 4e 14 m³ 735 de maçonnerie en pierres de taille fine à 65 f. le m³ ; le 5e 36 marches linteaux, seuil en pierres de taille fine à 12 f. pièce, et le 6e 497 m³ de maçonnerie à 14 f. le m³ ; quelle est la part de chacun, le bénéfice étant de 1896 f. ?

340. — Trois marchands de bois se sont associés pour l'exploitation d'une coupe de bois de 8 Ha. 75. Le 1er y a employé 8 ouvriers pendant 16 jours, gagnant chacun 2 f. 25 par jour. Le 2e y a mis 14 ouvriers pendant 15 jours à raison de 2 f. 35 par jour. Le 3e a fourni, pour le transport des bois abattus, 2 attelages de chacun 4 chevaux pendant 18 jours à raison de

4 f. par jour et par cheval et 3 f. par conducteur. En outre, le 1er a surveillé l'exploitation pendant 18 jours, estimant sa journée à 4 f. L'exploitation ayant rapporté un bénéfice de 1575 f., quelle doit être la part de chaque associé dans ce bénéfice?

41me LEÇON.

Règle de Mélange ou d'Alliage.

338. La règle de *mélange* (1) ou d'*alliage* (2) est une opération d'arithmétique qui a pour but :

1° Connaissant les quantités et les prix des parties à mélanger, de déterminer *le prix de l'unité de mélange;*

2° Connaissant le prix du mélange et des parties à mélanger, de *déterminer la quotité de ces parties.*

339. De ce qui précède, il résulte qu'il y a deux cas dans la règle de mélange. Nous ne nous occuperons que du 1er cas.

340. **Règle.** — *Pour déterminer le prix de l'unité du mélange, il faut multiplier la quantité de chaque partie mélangée par son prix et diviser la somme des produits obtenus par la somme des parties mélangées.*

Exemple d'une règle de mélange de 1er cas. — Un meunier a mêlé 125 Kg. de farine de 1re qualité valant 0 f. 60 le Kg., avec 115 Kg. de farine de 2e qualité à 0 f. 45 le Kg. : à combien revient le Kg. du mélange?

---

(1) Combinaison de plusieurs corps.

(2) Se dit proprement de la combinaison d'un métal avec d'autres métaux.

Solution.

125 Kg. à 0 f. 60 = 0 f. 60 × 125 = 75 f. 00;
115 Kg. à 0 f. 45 = 0 f. 45 × 115 = 51 f. 75;

240 Kg. valant ensemble . . . . . 126 f. 75.

Prix du Kg. 126,75 : 240 = 0 f. 53, par excès.

41ᵉ QUESTIONNAIRE.

338. Qu'est-ce que la règle de mélange ou d'alliage ? — 339. Combien y-a-t-il de cas dans la règle de mélange ? — 340. Quelle est la règle du 1ᵉʳ cas ?

Problèmes sur la règle de mélange ou d'alliage

541. — Un vigneron a versé dans un foudre 7 Hl. de vin à 48 f. l'hl.; 6 Hl. d'un autre vin à 54 f. l'hl., et 79 Hl. d'un 3ᵉ vin à 36 f. l'hl. : que doit-il vendre l'hl. du mélange ?

542. — Un marchand de grain a mêlé 7 Hl. de froment à 24 f. 75 avec 12 Hl. d'un autre froment à 22 f. 60. A combien revient l'hl. du mélange ?

543. — Un grainetier mélange 7 Kg. d'une graine valant 3 f. 25 le Kg., avec 3 Kg. 375 d'une autre graine dont le prix est de 2 f, 45 le Kg., et 4 Kg. 350 d'une 3ᵉ graine à 1 f. 85 le Kg. Combien doit-il vendre le Kg. de ce mélange ?

544. — Un épicier mélange 45 Kg. de café Moka à 3 f. 45 le Kg. avec 75 Kg. d'un café de qualité inférieure à 2 f. 75 le Kg. A combien revient le Kg. de ce mélange.

545. — Un marchand de légumes a mélangé 18 Hl. de pommes de terre à 7 f. 45 l'hl. avec 16 Hl. d'autres pommes de terre valant 5 f. 50 l'hl. A combien revient l'hl. du mélange ?

546. — On a mêlé 736 litres de gros cidre à 0 f. 25 le litre avec 850 litres de piquette à 0 f. 05 le litre. Que vaut le litre du mélange ?

547. — Pour faire du pain de 3e qualité un boulanger mélange 375 Kg. de farine de froment à 0 f. 55 avec 112 Kg. de farine de seigle à 0 f. 35. A combien lui revient le Kg. du mélange ?

548. — Un épicier mélange 24 Kg. de cassonade blanche à 1 f. 60 avec 12 Kg. de cassonade brune à 1 f. 40. Combien doit-il vendre le Kg. de ce mélange ?

549. — Un marchand de grain fait le mélange suivant : 35 Hl. d'avoine à 12 f. 45 l'hl.; 26 Hl. d'une avoine de 2e qualité à 11 f. 25 l'hl., et 18 Hl. d'une avoine de 3e qualité à 8 f. 45 l'hl. Combien doit-il vendre l'hl. de ce mélange ?

550. — Un marchand de liqueurs a mélangé 48 litres d'eau-de-vie avec 12 litres de cognac, l'eau-de-vie valant 1 f. 25 le litre et le cognac 2 f. 75, on demande à combien revient le litre du mélange ?

BIBLIOTHÈQUE NATIONALE R.F. IMPRIMÉS

FIN DE LA QUATRIÈME ET DERNIÈRE PARTIE.

Maubeuge, Imp. Beugnies.

TABLE DES MATIÈRES.

BIBLIOTHÈQUE NATIONALE R.F.

1re PARTIE.

2e PARTIE.

3e PARTIE.

4e PARTIE.

BIBLIOTHÈQUE NATIONALE R.F. IMPRIMÉS

FIN DE LA TABLE DES MATIÈRES.

P. I.

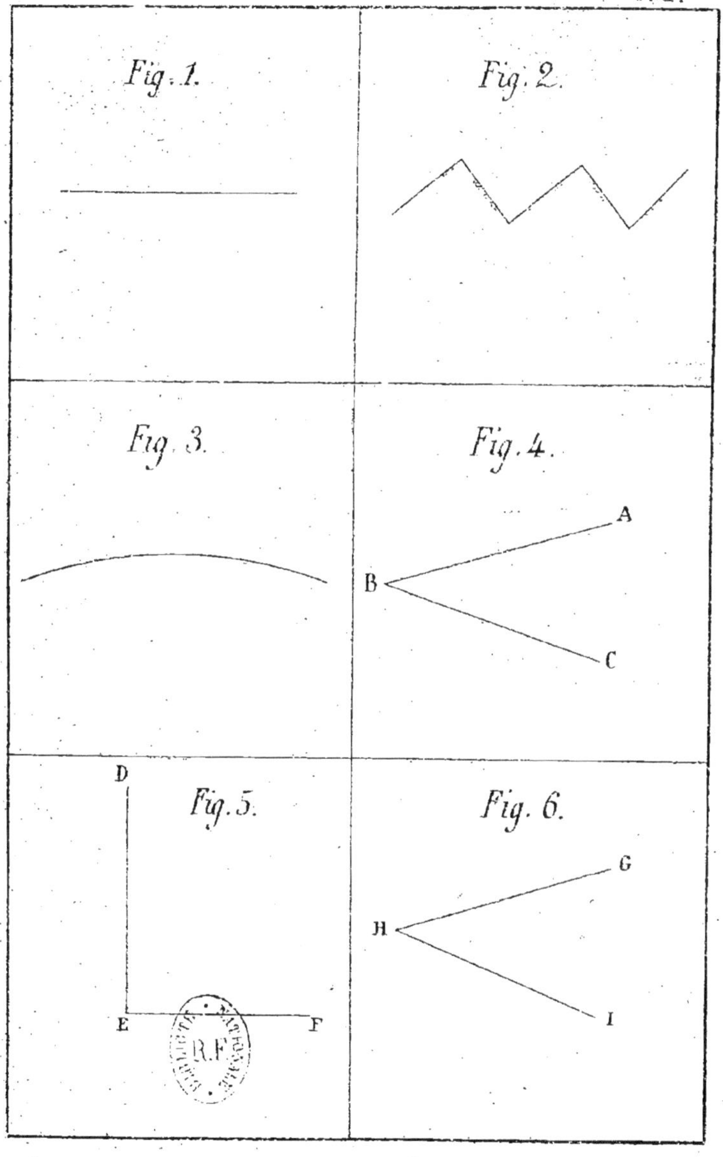

Fig. 1.

Fig. 2.

Fig. 3.

Fig. 4.

A

B

C

D

Fig. 5.

E

F

BIBLIOTHÈQUE NATIONALE R.F.

Fig. 6.

G

H

I

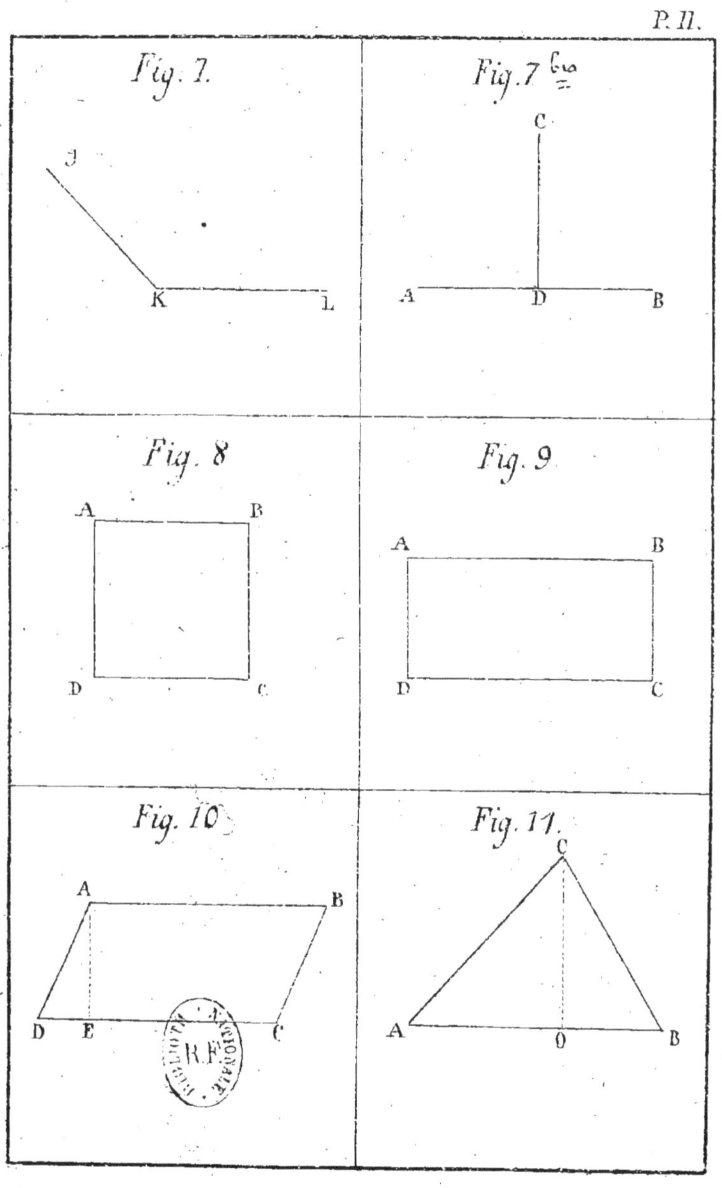
P. II.
Fig. 7.
J
K
L
Fig. 7 bis
C
A
D
B
Fig. 8
A
B
D
C
Fig. 9
A
B
D
C
Fig. 10
A
B
D
E
C
Fig. 11.
C
A
O
B
R.F.

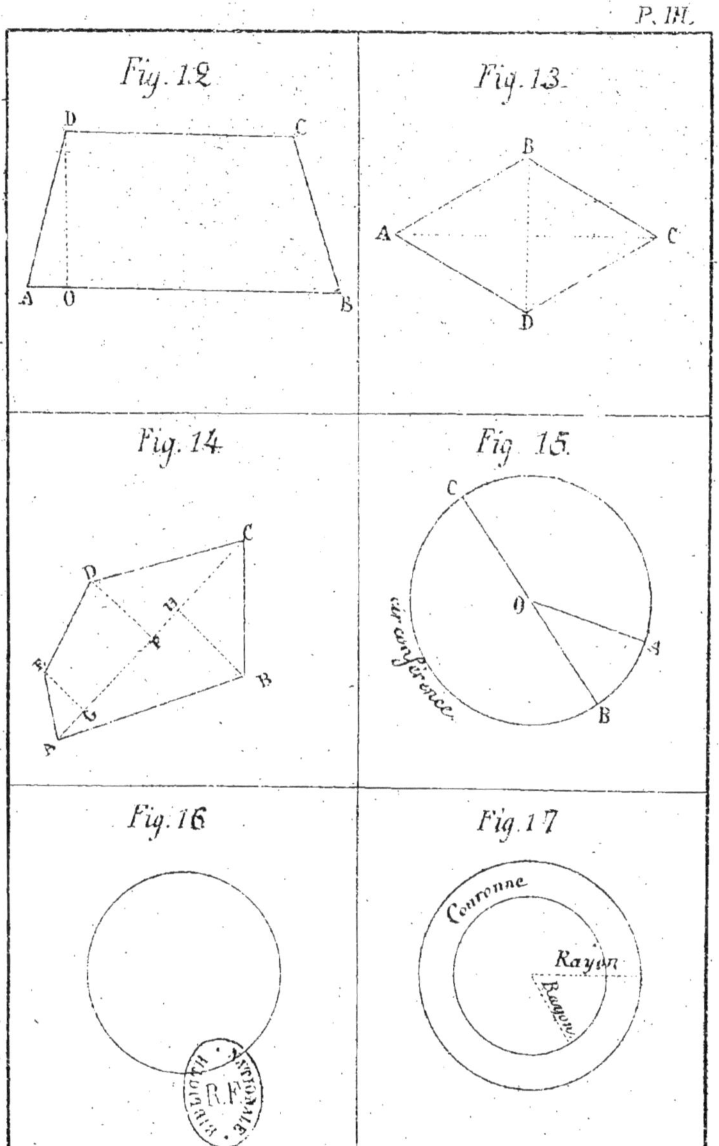

BIBLIOTHÈQUE NATIONALE R.F.

Fig. 24

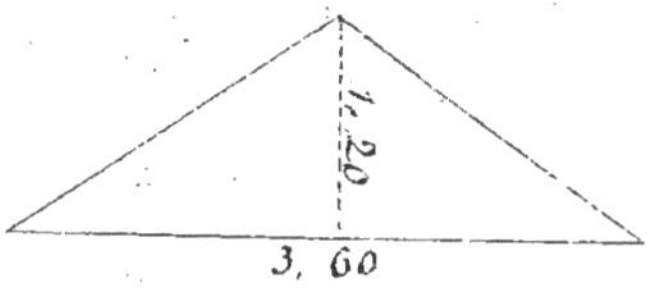

1, 20

3, 60

Fig. 25

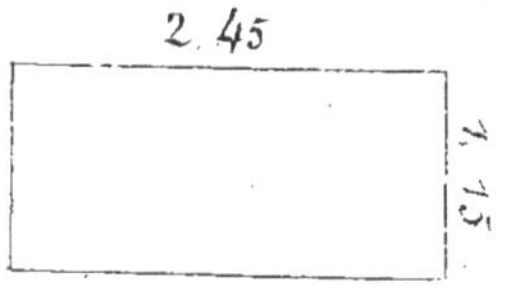

2, 45

1, 15

Fig. 26

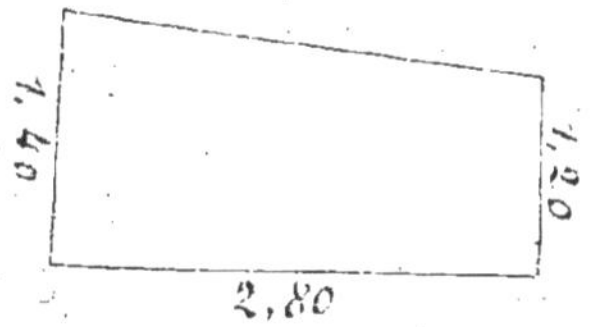

1, 40

1, 20

2, 80

Fig. 27

85 m

Fig. 28

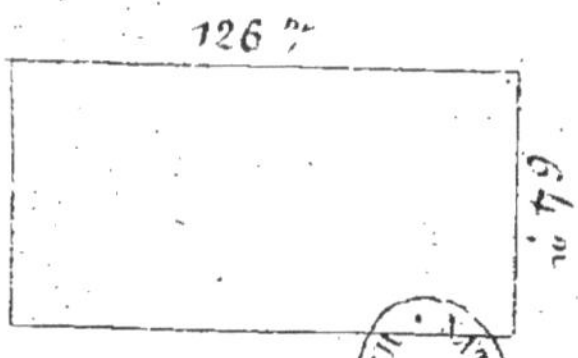

126 m

64 m

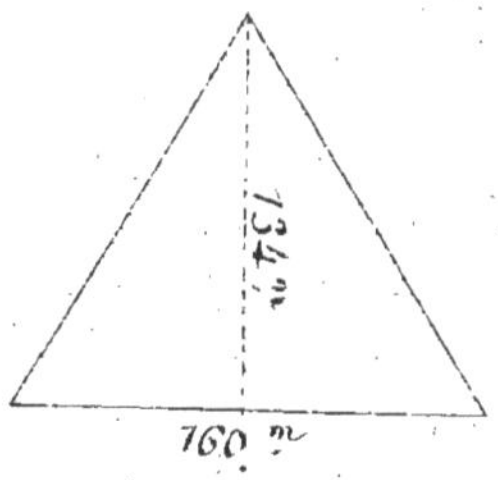

BIBLIOTHÈQUE NATIONALE R.F.

Fig. 29

134 m

160 m

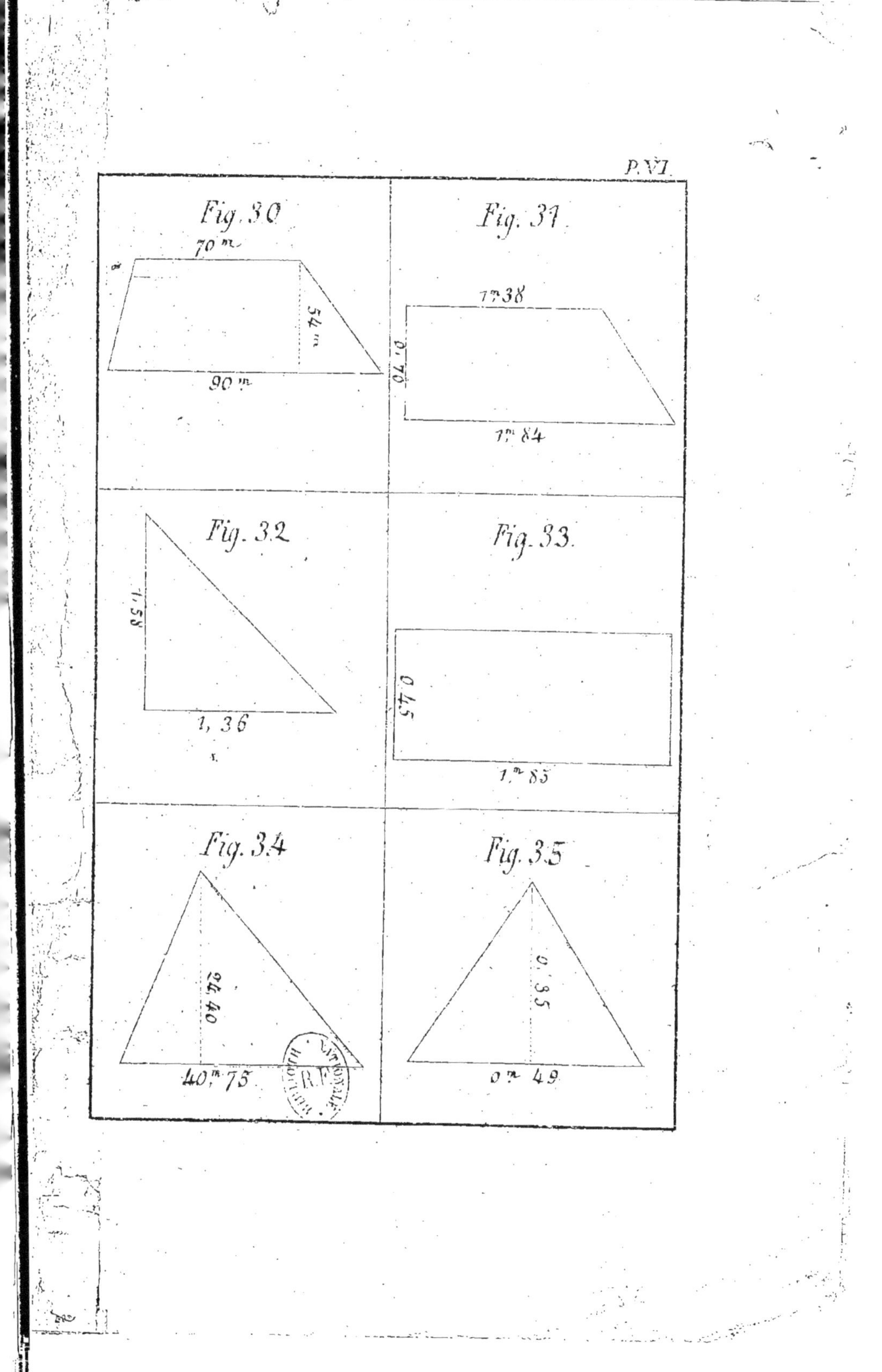

BIBLIOTHÈQUE NATIONALE R.F.

Fig. 36

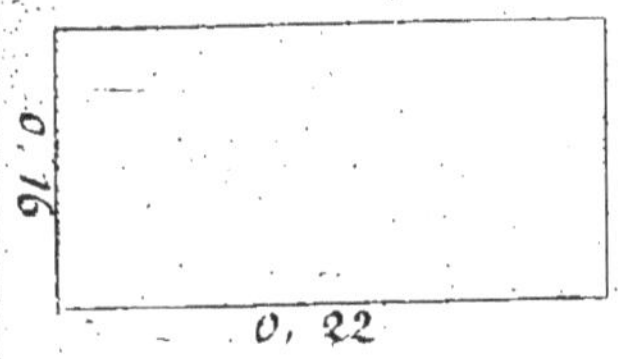

0,16

0,22

Fig. 37

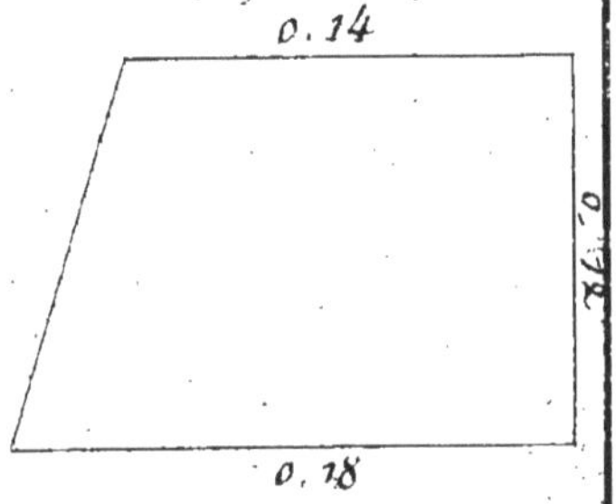

0.14

0,12

0,18

Fig. 38

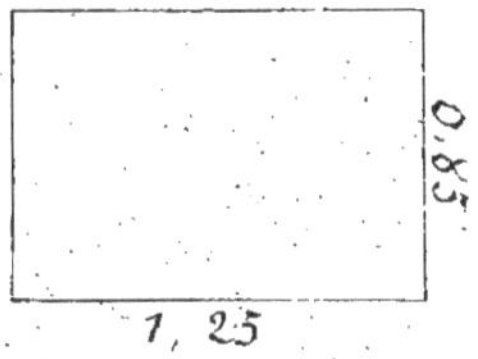

0,85

1,25

Fig. 39

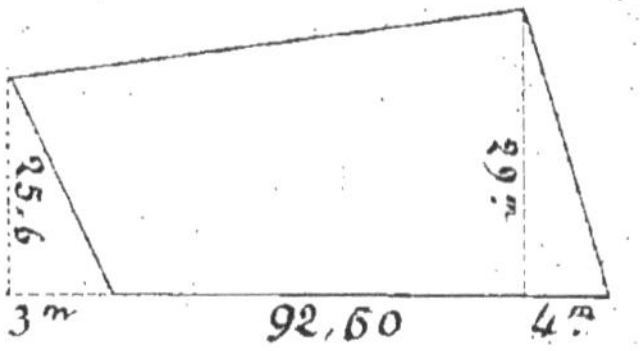

25,6

29,m

3m

92,60

4m

Fig. 40

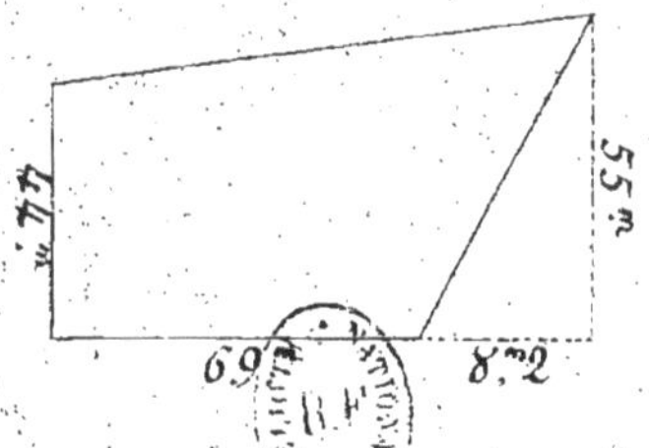

44m

55m

69m

8m2

Fig. 41

0,42

0,28

0,35

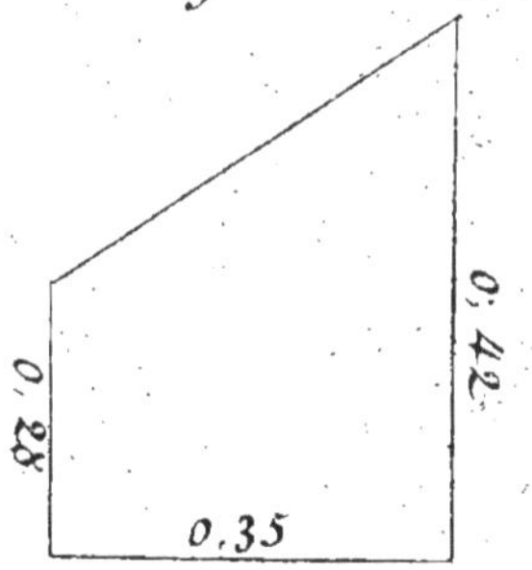

P. VIII.

Fig. 42
0, 36
0, 10
0, 28
0, 24
0, 19
0, 12
Fig. 43
0,m 21
0m 48
Fig. 44
16m
14m
28m
9m
41m
38m
6m
Fig. 45
0, 25
0, 17
0m 7
0m 47
0m 12
Fig. 46
0, 46
0, 23
0, 56
Fig. 47
2m 80
1m 20
0, 80
0, 60

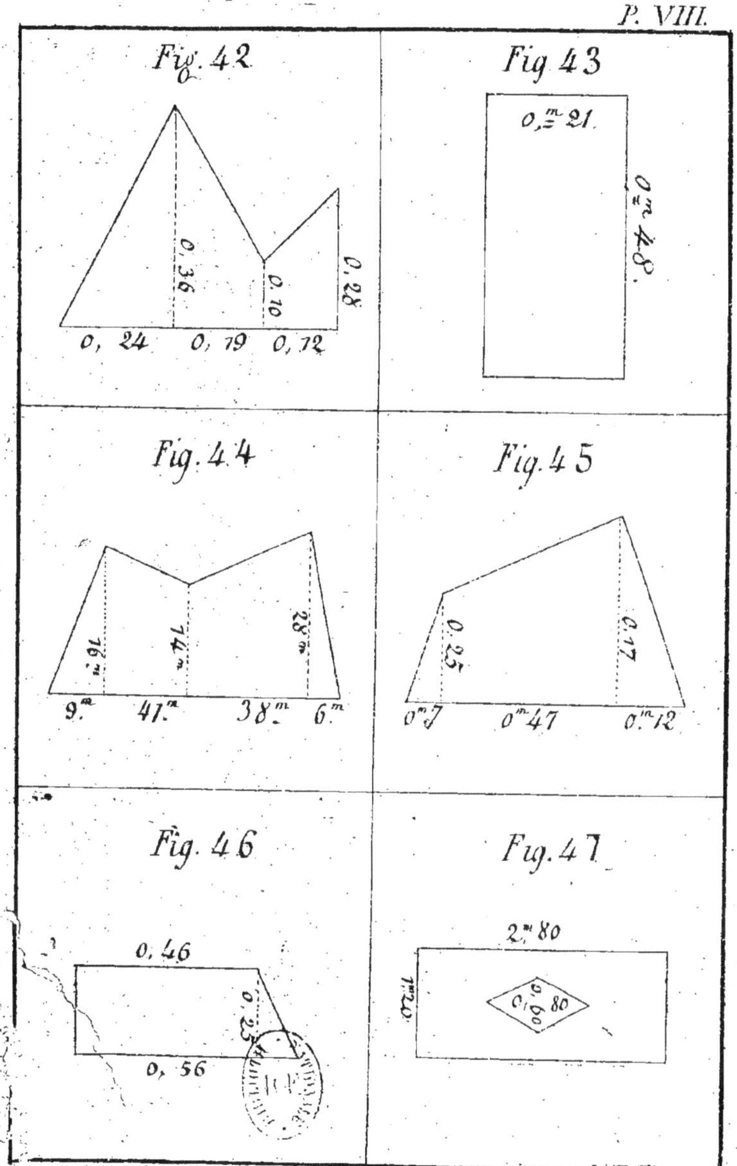

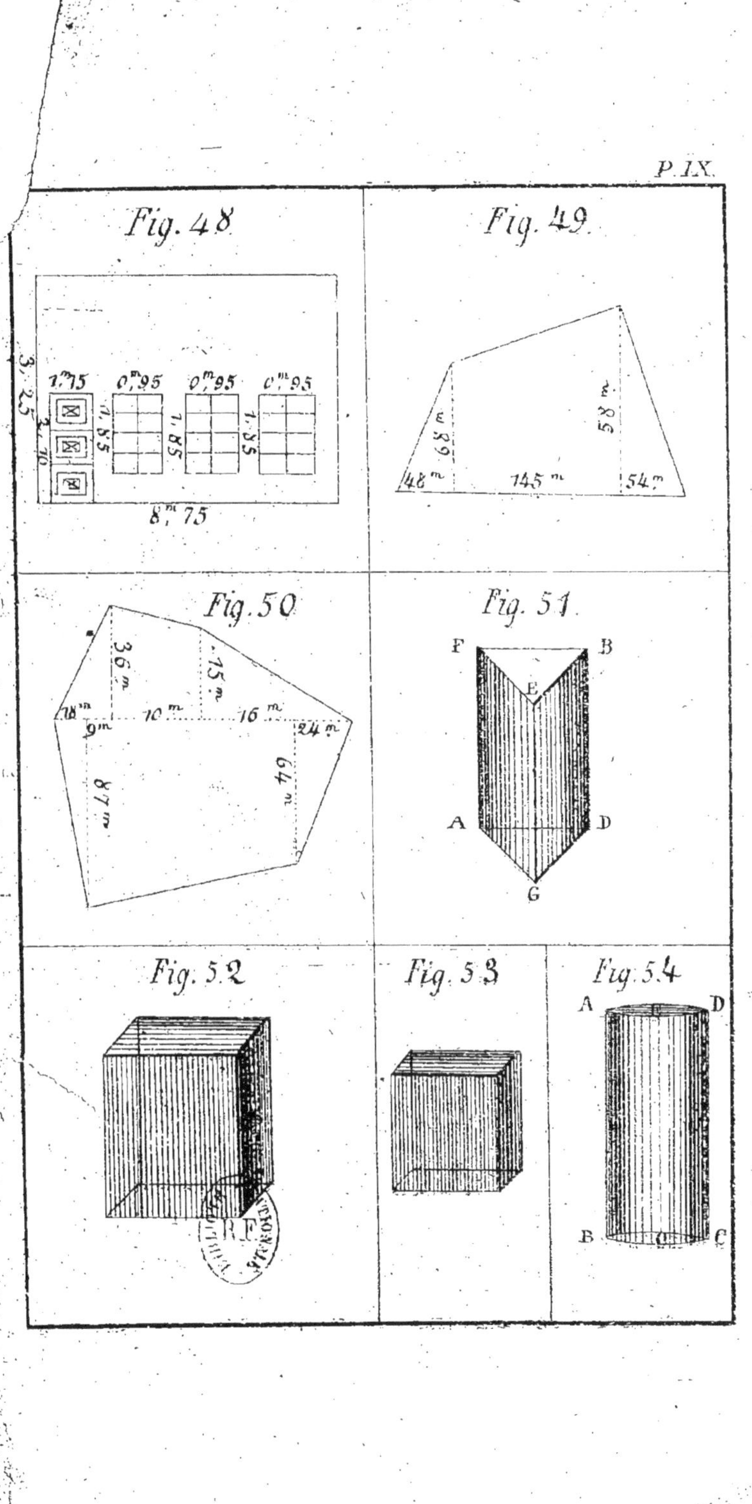
P. IX.
Fig. 48
1,m75
0,m95
0,m95
0,m95
1,85
1,85
1,85
3,25
3,70
8,m75
Fig. 49
58m
89m
48m
145m
54m
Fig. 50
36m
15m
18m
10m
16m
9m
24m
87m
64m
Fig. 51
F
B
E
A
D
G
Fig. 52
Fig. 53
Fig. 54
A
D
B
C

www.ingramcontent.com/pod-product-compliance
Ingram Content Group UK Ltd.
Pitfield, Milton Keynes, MK11 3LW, UK
UKHW020548180726
13838UKWH00001B/111

9 782019 967574